U0185888

了不起的
建筑师

［英］艾克·伊杰（Ike Ijeh） 著

庄逸抒 译

中国科学技术出版社
·北 京·

The 50 Greatest Architects: The People Whose Buildings Have Shaped Our World by IKE IJEH
Copyright ©Arcturus Holdings Limited
www.arcturuspublishing.com
The simplified Chinese translation copyright by China Science and Technology Press Co., Ltd.
北京市版权局著作权合同登记　图字：01-2022-4006。

图书在版编目（CIP）数据

了不起的建筑师 /（英）艾克·伊杰著；庄逸抒译
.-- 北京：中国科学技术出版社，2022.10
书名原文：The 50 Greatest Architects: The People Whose Buildings Have Shaped Our World

ISBN 978-7-5046-9662-5

Ⅰ. ①了… Ⅱ. ①艾… ②庄… Ⅲ. ①建筑设计—作品集—世界 Ⅳ. ①TU206

中国版本图书馆CIP数据核字（2022）第112894号

策划编辑	申永刚　刘　畅　屈昕雨	
责任编辑	申永刚	
封面设计	马筱琨	
版式设计	蚂蚁设计	
责任校对	吕传新	
责任印制	李晓霖	

出　　版	中国科学技术出版社	
发　　行	中国科学技术出版社有限公司发行部	
地　　址	北京市海淀区中关村南大街 16 号	
邮　　编	100081	
发行电话	010-62173865	
传　　真	010-62173081	
网　　址	http://www.cspbooks.com.cn	

开　　本	889mm×1194mm　1/16	
字　　数	249 千字	
印　　张	13	
版　　次	2022 年 10 月第 1 版	
印　　次	2022 年 10 月第 1 次印刷	
印　　刷	北京盛通印刷股份有限公司	
书　　号	ISBN 978-7-5046-9662-5 / TU·125	
定　　价	138.00 元	

THE 50
GREATEST
ARCHITECTS

了不起的建筑师

导　言

　　"伟大"这个概念，从本质上来说，是简单粗暴的，而且带有主观色彩。称一些人伟大，恰恰是在暗示其他人渺小，因此用是否伟大来划分人群明显是幼稚的做法，这样的分类方式明显过于简单。同样地，任何形式的批评都是带有主观色彩的，因为人的观点本身就不具备客观性。

　　然而，渴望分层级、评高下，似乎是人类与生俱来的行事准则。而这种习惯性做法最普及的领域非艺术莫属，因为不同于科学，艺术完完全全就是主观的。这世上有伟大的作曲家、伟大的画家、伟大的作家，当然也有伟大的建筑师。在各种艺术形式中，建筑是独一无二的，因为唯有建筑才能让我们别无选择，只得融入其中。盲人可能无法看到金碧辉煌的巴洛克壁画，但每晚回卧室的路上总得经过几面墙吧，也许还得走走楼梯。从这一点来看，那些伟大的建筑师对我们生活的影响远胜于莫扎特、托尔斯泰、卡纳莱托等其他领域的大师。

　　因此，本书希望找到可能被认为是建筑界最伟大的50位建筑师。作者深知自己的选择肯定是主观的，也不指望这本书能对了解建筑领域有多大帮助。要把人类5000年文明史所包含的建筑发展历程和风格演变全部压缩为一部通俗读物，只能取其精华，无法囊括全部。

本书没有包括一些大师的事迹，有的读者可能会感到失望。像儒勒·哈杜安·孟萨尔、克洛德·尼古拉斯·勒杜、罗伯特·亚当、奥古斯塔斯·威尔比·普金、阿尔瓦·阿尔托、路易斯·巴拉甘、坂茂等对建筑界贡献巨大的建筑师，本书没有介绍。不是因为他们称不上伟大，而只是因为篇幅所限，无法一一详述。

　　尽管具有主观色彩和偏好，但这本书仍然意义深刻，因为每位建筑师的故事都向我们诉说了他们处在什么样的环境和文化背景中，遭遇了哪些限制，遵从了哪些原则，以及那些建筑是如何帮助塑造我们所处的世界的。

　　此外，从每位建筑师成功和失败的心路历程中，我们可以吸取经验教训，帮助我们战胜逆境，并激励自己去追求高远。在所有艺术形式中，建筑归根结底是人类的故事。阅读故事、认识伟人的过程带给我们最大的收获，是让我们可以更加了解自己。

目　录

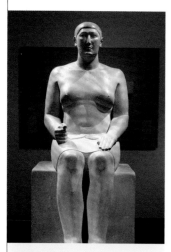

埃及 生于公元前2750年

主要作品
吉萨大金字塔

主要风格
古埃及第四王朝时期的建筑风格

上图：赫米努。

赫米努

古代世界七大奇迹只留下来一个，这仅存的硕果也是其中最古老的。

埃及有将近130座古金字塔，其中吉萨大金字塔最宏伟，也最著名。正因为它的存在，金字塔才成为世界上辨识度最高的建筑物，甚至被印在美元纸币上。

尽管古埃及金字塔是人类文化的符号和文明的象征，但其设计者的事迹却不为人知。但其实，吉萨大金字塔的建筑师和那些以金字塔为陵墓的法老一样，在古埃及享有权力和威望。

赫米努出生于埃及皇室，他的父母是王子和王妃，叔叔是第四王朝的第二位法老胡夫。胡夫就是下令建造大金字塔的那位君主，而且，埃及历史学家认为，大金字塔就是胡夫本人的陵墓。不过，在整个家族中，对赫米努的生活和事业影响最大的人是他的祖父斯尼夫鲁法老。

自公元前3100年的古埃及王朝时期起，国王和统治者死后会被葬入"马斯塔巴"中，这是一种用泥砖搭建的平顶建筑，呈梯形，外表矮小、粗糙。大建筑师伊姆霍特普（也是医师，后被奉为医学之神）首先想出把不同大小的马斯塔巴层层叠搭起来，越往上，马斯塔巴的体积越小，金字塔陵墓

右图：赫米努影响最深远的遗产——吉萨大金字塔。

就这样诞生了。早期的金字塔是阶梯状的，直到斯尼夫鲁的时代才出现我们今天看到的具有光滑面的金字塔。斯尼夫鲁也对金字塔的内部结构进行了创新。

赫米努深谙这些变化。当时他接替他的父亲担任维齐尔（维齐尔是古埃及朝中最高职位，相当于现在的总理）。重要的是，他还是皇家建筑师，负责监管所有的皇家建筑项目。赫米努就是在这样的情况下建造吉萨大金字塔的。吉萨大金字塔的体积约有283万立方米，重约600万吨。建造这座金字塔大约花了20年，其

规模在埃及也是前所未有的。吉萨大金字塔最初高约147米，在它建成后的约4000年一直是世界上最高的建筑，直到14世纪被林肯大教堂超越。

所有金字塔都遵循同样的几何构造和装饰原则，几乎没给赫米努在自己作品上留下个人风格印记的余地。不过他还是通过三种方式留下了个人印记。最明显的一点是，这座金字塔宏伟异常，体现出政治和建筑上的重要意义。和欧洲的巴洛克王宫一样，金字塔越宏伟，意味着君主越专制。随着古埃及的独裁统治和中

央集权逐渐减弱，金字塔也就造得越来越小，法老也开始兴建更容易建造的庙宇来代替金字塔。

赫米努的第二个印记是闪闪发光的白色石灰岩。金字塔建成之初是包裹在这些石块中的，后来石块逐渐遭到腐蚀或被人故意挖掉了。据

说从形状上看，古代金字塔象征太阳发射出的光芒，为了给人光芒四射的印象，大多数金字塔都会被包裹进石灰岩中。建筑师力图使吉萨大金字塔的表面尽量光滑、反射性强。据说，这座金字塔在沙漠中像星星一般闪耀，古埃及人称之为伊赫特（Ikhet），意思是"灿烂光辉"。

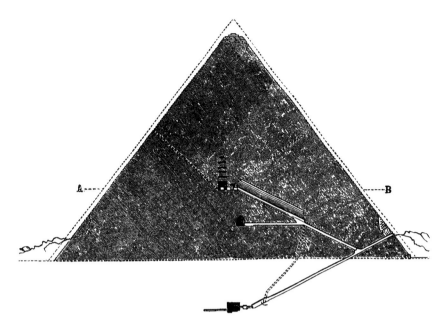

上图：吉萨大金字塔横截面草图。

左图：马斯塔巴，金字塔出现之前的古埃及陵墓建筑。

右下图：八角星体，达·芬奇所作版画，体现黄金分割比，也就是在建造大金字塔时遵循的比例。此图来自卢卡·帕乔利1509年在威尼斯出版的《神圣比例》。

了《蒙娜丽莎》。如果赫米努是严格按照黄金比例建造出了金字塔，那他可能是首位奠定了人类对精美和秩序的永恒追求的建筑师，而建筑这种令人痴迷的艺术也将成为接下来几个世纪人类文明的关键特征。

赫米努最具影响力的遗产是大金字塔的比例——近似于黄金分割比。这是一个数学比例，艺术和大自然中美妙无比的事物都符合这一比例。古埃及灭亡后很久，黄金分割比仍旧令古希腊人着迷。甚至在文艺复兴时期，列奥纳多·达·芬奇也是严格按照这一比例创作出

意大利　约公元前80—公元前15

主要作品
意大利法诺的一座大教堂

主要风格
罗马古典主义

上图：马库斯·维特鲁威。

马库斯·维特鲁威

没有几本书能称得上改变世界的，但《建筑十书》一定榜上有名。

《建筑十书》是一部影响深远的论著，于公元前15年完成，并由作者献给奥古斯都·恺撒大帝。书中确立的建筑学基本原则一直被建筑界奉为圭臬。

这本书是迄今为止对建筑学影响最大的书。它的作者是古罗马建筑师、军事工程师维特鲁威，他力图率先明确建筑学的规范和原则。维特鲁威在古罗马军队中担任工程师，起初负责设计大炮。这种反差在当时并不稀奇，因为在古罗马，建筑是一个非常宽泛的概念，包括许多技术领域，如施工管理、城市规划、土木工程和机械设计等。

不过，最令维特鲁威感兴趣的还是各种各样的建筑物。在书中，他介绍了关于如何设计建筑物，以及设计建筑物应遵循的指导原则。第一卷到第六卷是关于建筑和城镇规划的，其余四卷探讨了一些较为枯燥的领域，如灌溉、机械和石膏工艺。在书中，维特鲁威力图阐明如何将秩序、排列、对称、平衡和比例等元素融会贯通，从而让建筑艺术呈现美感。他行文精确严谨，充满理性。

在第一卷中，维特鲁威写下了最著名的一段话："所有建筑物都应具有三大特质：牢固、有用、美观（之后的学者将其表述为

下图：万神殿的设计受到维特鲁威建筑理念的启发。

MAGRIPPALFCOSTERTIVMFECIT

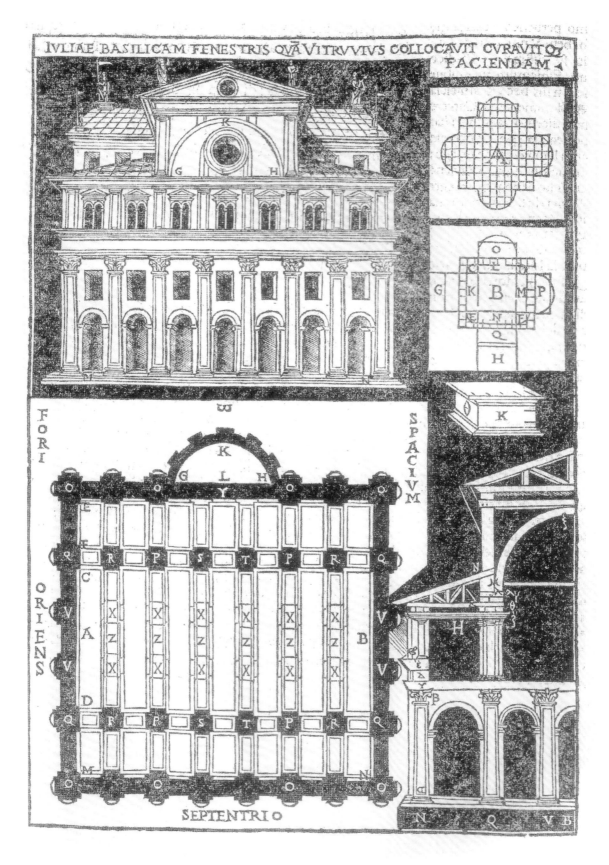

左图：维特鲁威绘制的法诺教堂设计图。

右图：受到维特鲁威的启发，达·芬奇将对称原理应用于人体艺术。

坚固、实用、悦目）。"如今，只要是学建筑学的，就没有不知道这段文字的。这段文字也体现了维特鲁威清晰、务实的文风，将深奥的概念解释得通俗易懂，从而使人们更容易理解他的设计理念。

这部作品对建筑、西方文明和全球文化的意义无比重大。维特鲁威去世后，万神殿、古罗马广场和迪欧克勒提安浴室等标志性的古罗马建筑都是根据书中的理论设计建造的。这部著作也影响了文艺复兴时期古典主义建筑风格的重要人物，如菲利普·布鲁内莱斯基、安德烈亚·帕拉第奥和伊尼哥·琼斯。达·芬奇非常崇拜维特鲁威。在1490年创作的《维特鲁威人》中，达·芬奇将维特鲁威的对称和比例原理精确地应用于世上最伟大的艺术形式——人体艺术。

书中的理论也推动了15世纪至19世纪的新古典主义运动，促进了20世纪末和21世纪初后现代主义和当代古典主义思潮的产生。英国建筑史上最著名的书籍之一，科伦·坎贝尔的《不列颠维特鲁威》，也正是受到《建筑十书》的启发，旨在用脱胎于维特鲁威理论的帕拉第奥式简洁素雅来净化巴洛克式浮夸张扬。《不列颠维特鲁威》问世后不久，就出现了丹麦版的《丹麦维特鲁威》。这两部作品的理念都深深植根于启蒙运动的思想主张，而启蒙时代对理性和秩序的追求本身就和维特鲁威的观念一脉相承。

维特鲁威的建筑理念偏向于古典主义。但在《建筑十书》中，维特鲁威论述了光线明暗、动静对比等空间营造和美感呈现的通则，构建了适用于多种风格的理想化建筑框架。此书也

是一部开创性的工程学著作，提出了关于吊车、起重机、交通线路、音响、管道、渡槽、蒸汽机、勘测工具甚至中央供暖系统的设计方案，其中许多设计都成为我们现代生活中同类设备产生和发展的基础。

维特鲁威设计的建筑物不算多，他负责的唯一一项大型建筑工程是在意大利法诺建造的一座大教堂，这座教堂早已湮灭，人们对此几乎一无所知。《建筑十书》中的观点也不是全由他原创，而是脱胎于有关古典柱式和机械工程等主题的旧有理论，因此，与其说他进行了创作，不如说他进行了分类。但毫无疑问，他是力图将建筑思想编纂成书的第一人，他还制定了许多美学原则，而此后两千年的人类文明很多是建立在这些原则之上的。

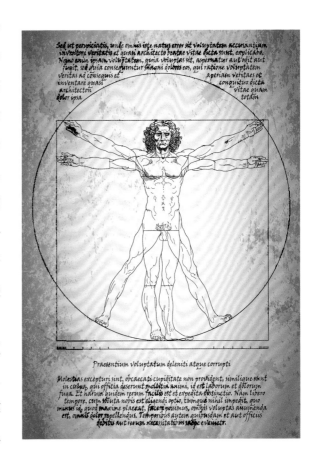

英国 1320—1400

主要作品
西敏寺、坎特伯雷大教堂

主要风格
哥特式

上图：亨利·耶维尔。

亨利·耶维尔

　　亨利·耶维尔是英国中世纪最多产、最成功的石匠大师。在他的影响下，哥特式建筑被视为英国文化意识和民族特色的独特表达方式——这种观点在19世纪哥特式复兴时期仍然掷地有声。

　　哥特式起源于12世纪初期的法国，由罗马式演变而来。当时，哥特艺术运动旨在表现法国君主的野心。哥特式通常和宗教建筑联系在一起，在整个欧洲都蓬勃发展起来。

　　罗马式的特征是半圆拱、小窗、厚墙，装饰淡雅；而哥特式的标志则是尖拱、大窗、薄墙，装饰浮华。哥特式的独特之处在于两点：对上帝的渴望与建筑物的飞天感。尖拱如同指向天空的箭矢，哥特式的礼拜堂和大教堂都造得高耸入云，仿佛可以让人类无限接近苍穹。

左图：西敏寺中殿。

右图：珍宝塔，中世纪西敏宫仅存的两个部分之一，据说是亨利·耶维尔设计的。

为了达到这种效果，哥特式的构造非常精巧，周密设计的拱顶支撑着高耸峻拔的天花板，飞扶壁可以使镶嵌着巨大彩色玻璃窗的薄墙更加稳固。

等到已成为德比郡石匠大师的耶维尔奉黑太子爱德华之命重建肯宁顿庄园大会堂时，他对哥特运动毫不陌生，因为这场运动已经在英国落地生根了。但直到三年后，太子之父爱德

上图：坎特伯雷大教堂回廊。

右图：震撼人心的坎特伯雷大教堂夜景。

华三世封耶维尔为负责皇室建筑工程的御用石匠时，他的事业才开始腾飞。

耶维尔负责重建伦敦塔、西敏厅、西敏宫等皇室建筑，监理杜伦大教堂、南安普顿市的卡里斯布鲁克城堡、温彻斯特城堡的维修和扩建，并为皇室和贵族设计陵墓。

在漫长的职业生涯中，耶维尔留下了两个深远的影响。其一是在1378年建成代替御用石匠的国王工程办公室，并负责管理这个机构。在接下来的400年里，国王工程办公室孕育出了最伟大的英国皇家建筑和公共建筑作品。

其二是他负责一个大型工作坊的监理工作，这在当时是开创性的成就。这间工作坊不仅负责建造，还负责构想和设计。耶维尔重新定义了传统中世纪石匠大师的角色，在将建筑师从工匠转变为艺术家的过程中，他架起了一座连接中世纪和文艺复兴的桥梁。

那么，耶维尔留下了什么样的文化遗产呢？让我们回到他自己的风格。在他的建筑生涯中，最大的成就是两座著名的安立甘宗建筑物，也是中世纪基督教世界两个最重要的哥特式建筑：西敏寺（1376—1387）和坎特伯雷大教堂（1377—1400）。在西敏寺，他完成了亨利三世去世后一直没有建成的中殿；在坎特伯雷，他重建了被毁坏几十年的古老的罗马式中殿。

英国大教堂以长度著称（温彻斯特仍然是

欧洲最长的哥特式教堂）；法国大教堂以高度著称。而在西敏寺，耶维尔结合了这两种传统，打造了英国最高的中殿（约31.09米），并构建了一个极具装饰性的内部空间，有着金碧辉煌的枝肋穹顶和闪闪发光的珀贝克大理石柱，这种装饰艺术形成了英国盛饰式哥特风的典范。

在坎特伯雷，他又更进一步。宏伟的中殿协调匀称，装饰风格统一，令人叹为观止；使用平拱和错综复杂的几何构造，这些都是英国哥特时期最后阶段的大规模垂直式建筑的早期典范。

上面提到的两座教堂都是英国哥特建筑的典型，促进了哥特式在英国的生根发芽。这两座建筑对19世纪维多利亚时代的文化产生了深远的影响，那时，哥特式建筑风格正在复兴，那奇幻的形式迎合了英国人对古老中世纪的浪漫幻想，那巧夺天工的技艺和纯洁无瑕的内涵孕育出令人引以为豪的英国新特色。虽然哥特式起源于法国，但从童谣到好莱坞电影，提起哥特式，人们往往就会幻想出中世纪英国宁静的田园风光，古堡、教堂、骑士和城墙共同构成了一幅美丽的画卷——这也是耶维尔为我们留下的精神遗产。

菲利普·布鲁内莱斯基

意大利　1377—1446

主要作品
佛罗伦萨大教堂、圣洛伦佐大教堂、佛罗伦萨圣神大殿

主要风格
意大利文艺复兴

上图：菲利普·布鲁内莱斯基。

在建筑领域，凭一己之力别开生面者屈指可数。瓦尔特·格罗皮乌斯建立了包豪斯学派；安德烈亚·帕拉第奥去世后，他的精神孕育了帕拉第奥主义；伊尼哥·琼斯把古典主义带到英国。但是谁的影响都没有下面介绍的这位建筑师大，他就是文艺复兴时期建筑领域的杰出先驱，来自佛罗伦萨的天才——菲利普·布鲁内莱斯基。

上图：意大利佛罗伦萨圣洛伦佐大教堂内部。

由布鲁内莱斯基开创的艺术和建筑运动引领了宗教改革、启蒙时代和现代世界，同时，他也是艺术家、工程师、雕塑家、钟表匠、金匠、数学家和船舶设计师。古希腊也许是西方文明的发源地，但在布鲁内莱斯基及其追随者的影响下，到了14世纪，意大利成为西方文明的摇篮。

布鲁内莱斯基出生在佛罗伦萨的一个富人家庭，他学了数学，又钟情于艺术，成了一名雕塑家。他先是给佛罗伦萨的教堂做雕塑，虽然还没开始设计建筑物，但在这段时间里，他接触到了文艺复兴思想，并很快把这些思想内化了。其间他也接触到了后来成为他终身赞助人的美第奇家族，还认识了自己在建筑领域的

上图：佛罗伦萨大教堂穹顶主宰着佛罗伦萨的天际线。

主要竞争对手洛伦佐·吉贝尔蒂。

中世纪文化是由拜占庭艺术和哥特式建筑主导的。两者都倾向于以一种形式化的、反传统的方式来进行构图和装饰。但在14世纪末，人们重新燃起了对古希腊和古罗马的写实描绘及其所体现的古典主义建筑的兴趣，播下了回归古典的种子，从而迎来了文艺复兴。

布鲁内莱斯基顺应了这种发展潮流，他在艺术上所做的贡献彻底改变了欧洲绘画领域。他通过实验得出结论，要画得逼真，就要遵循透视的原理。他把透视法引入西方艺术，从此改变了人类描绘世界的方式。另外，布鲁内莱斯基创作的雕塑也十分精美，富有表现力，为他今后的建筑作品奠定了美学基础。去罗马参观古罗马遗迹的经历也深深影响了他的建筑设计风格。

首个运用布鲁内莱斯基风格的建筑物是佛

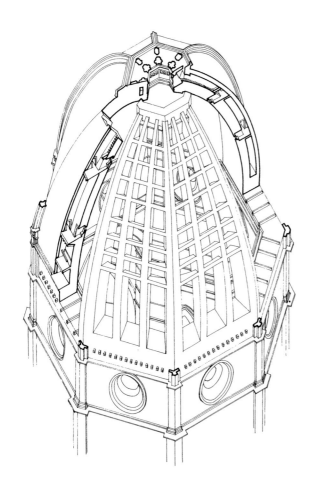

罗伦萨的育婴堂（1419—1445）。半圆拱、拱顶凉廊、简约的装饰、带有山形楣饰的窗户、科林斯柱式，从这些元素的运用中可以明显看出，这栋建筑抛弃了中世纪哥特式，回归了古典主义传统。育婴堂是古罗马灭亡后佛罗伦萨第一座古典主义风格的建筑，在当时引起了轰动。它被广泛认为是欧洲第一座文艺复兴建筑，开创了一种新的建筑风格，定义了布鲁内莱斯基未来的职业生涯，也成为200年间欧洲大陆文艺复兴建筑的典范。

众多委托任务接踵而至，主要是建造教堂。但布鲁内莱斯基最著名的作品是他为佛罗伦萨大教堂（即圣母百花大教堂）建造的穹顶，被公认为是文艺复兴时期建筑的典范。佛罗伦萨大教堂开工于1296年。1418年，布鲁内莱斯基战胜了

对手吉贝尔蒂，得到了这项委托任务，当时的大教堂只剩穹顶尚未完工。

问题在于，之前由石匠大师内里·迪·菲奥拉万蒂设计的穹顶被认为是不可能完成的任务。内里的设计要求外径为54米，基座位于距离地面52米的位置，借此打造有史以来最高、最宽的穹顶。哥特式被市政府严令禁止采用，因此也无法使用也许能够支撑如此穹顶的飞扶壁。针对这一问题，布鲁内莱斯基想出的办法堪称神来之笔。

他设计了表里两层砖砌穹顶：里层较厚，

左图：布鲁内莱斯基绘制的佛罗伦萨大教堂穹顶设计图。

右图：佛罗伦萨育婴堂，现被认为是欧洲第一座文艺复兴式建筑。

宽约0.61米，表层较薄，覆盖着陶瓦外壳。这样，两层之间就可以建造一个楼梯间，通往最高处的采光亭；双层设计也使穹顶的巨大重量能够更均衡地分配。外部的穹顶是八角形的，增强了稳定性，建造过程中用链条把基座箍住，从而有效防止开裂。最后，布鲁内莱斯基创新地运用人字堆砌法，用纵横交错的方式砌砖，依靠砖与砖之间的支撑力，而不需要使用任何脚手架。布鲁内莱斯基也发明了一种滑轮来运送砖块，这也是500年后的现代起重机和电梯的前身。

佛罗伦萨大教堂的穹顶由400万块砖组成，重4万吨，至今仍是世界上最大的砖穹顶。它革命性的双穹顶和链环结构也被其他建筑借鉴，如法国巴黎的荣军院和美国华盛顿的国会大厦。至于他是怎么赢得这个任务的，有这样一个传闻：他在桌子上磕破了鸡蛋的一头，证明即使一头碎了，鸡蛋也能稳稳地竖起来。改变西方艺术和建筑进程的大人物竟如此风趣幽默，实在是令人惊奇的一件事。

蒯祥

中国 1398—1491

主要作品
紫禁城

主要风格
明朝风格

上图：明永乐帝。

15世纪，欧洲正在经历文艺复兴带来的文化觉醒，而中国也在发展进步。

1368年，随着元朝军队的战败，文化上更加开明的明朝开始登上历史舞台，并迫切希望改变蒙古人入主中原导致的萧条衰落、人口凋敝的局面。

为了振兴国家，明朝第三位皇帝永乐大帝开展了一系列大型战略性建筑项目。当时世界上最大的码头在都城南京建立起来。根据历史资料，南京也是当时世界上最大的城市。浩浩荡荡的船队从南京启航远行，不是为了像欧洲人那样进行征服和殖民，而是为了展示国威。

1417年，永乐帝计划将北京城修建得空前辉煌，然后把都城迁到那里。根据规划，城市布局为网格状，外围新建15公里的城墙。为了便于给不断增长的人口运送粮食，大运河也修得更长，覆盖面更广。

永乐帝这一计划的重点是在老北京

下图：北京紫禁城。

城中央新建一座宏伟的皇宫。紫禁城占地200英亩①，比白金汉宫和凡尔赛宫加起来还要大，至今仍是世界上最大的宫殿建筑群，也是中国文化最具代表性的象征。建造紫禁城或许是中国历史上最赫赫有名的建筑项目，而被选为项目总工的则是一位年轻的工程师——蒯祥。

　　蒯祥出生于江苏吴县。人们对他青年时期的情况知之甚少，只知道他在以木工和手工艺闻名的香山地区长大。据说蒯祥技艺超群，30岁出头就成了香山帮的领军人物，香山帮是由当地木工巧匠组成的团体，今天仍然存在，只不过改头换面了。出类拔萃的蒯祥引起了皇帝的注意，于

上图：位于北京城中轴线上的故宫

右图：颐和园佛香阁。

① 1英亩约为4046.86平方米。——编者注

是皇帝让他主持建造北京新皇宫。

建造紫禁城是一项庞大的工程，耗时14年，有10万多名能工巧匠、多达100万名劳工参与。虽然工程浩大，但建成后的紫禁城成为中国传统建筑的标志，也是500年来皇权统治的核心机构。蒯祥围绕内廷和外朝建造了雄伟的宫殿和庙宇。外朝包含气势恢宏的公共建筑，内廷则通往私密的皇家居室。

看看城内经典的庙宇，屋顶呈斜坡状，覆盖着金瓦，支撑屋顶的是精雕细琢的木质梁柱，柱基为大理石。建筑与建筑之间呈现完美对称，周围是一系列开放的庭院。虽然蒯祥借鉴了传统做法，并恪守道家理念，但紫禁城恢宏的气势、肃穆的布局仍是出自他手。这样的风格也成了经典，成为外国人对中国著名建筑最基本的印象。

下图：紫禁城中某处。

米马尔·锡南

建筑大师弗兰克·劳埃德·赖特可是出了名的骄傲，所以当他说建筑史上除了他自己之外，还有米马尔·锡南也值得称颂的时候，我们自然会对这番话兴趣十足。

土耳其 1489—1588

主要作品
苏莱曼清真寺、塞利米耶清真寺、泽扎德清真寺

主要风格
古典奥斯曼

上图：米马尔·锡南。

西方人并不熟悉锡南这个名字，但他是历史上最具影响力的建筑师之一。在奥斯曼帝国的巅峰时期，他设计了东欧和中东地区约400座宗教和世俗建筑，重塑了君士坦丁堡（今伊斯坦布尔）的天际线，打造出我们今天看到的穹顶和宣礼塔争奇斗艳的美景。

作为奥斯曼古典时期最伟大的建筑家、米开朗基罗同时代的人，锡南推广并融合了基督教和伊斯兰风格的建筑。他设计了受到两种文化影响的壮美清真寺，在拜占庭风格的基础上，运用了更加简洁的光影空间相互作用，这也深深影响了几个世纪后的勒·柯布西耶。锡南对建筑领域影响深远，他的许多门生对奥斯曼帝国乃至全球建筑都做出了重大贡献。他的学生中最著名的一位是建造了泰姬陵的乌斯塔德·艾哈迈德·拉合里。

锡南出生于土耳其中部阿格纳斯的一个石匠家庭。他留下的作品具有跨文化特征，因此他被说成具有亚美尼亚、阿尔巴尼亚、希腊和土耳其血统。

下图：位于土耳其埃迪尔内的塞利米耶清真寺，前方是建筑师雕像。

锡南20多岁时加入奥斯曼军队，在军队里，他不断打磨从父亲那里学到的木工和石工技艺，并通过正式的工程和建筑教育提升自己的技术水平。

锡南的建筑生涯直到50岁才正式开始，当时他效力的大宰相任命他为总建筑师，负责建造和监理伊斯坦布尔的重大基础设施和皇室项目。他设计了道路、沟渠、桥梁、小清真寺、学校、官邸、公共浴室、医院和政府大楼等。直到他接受了人生首个重大委托任务——建造一座宏大的清真寺悼念苏莱曼一世的一个儿子——他的高超技艺才凸显出来。

锡南职业生涯的代表作及珍贵遗产是伊斯坦布尔三座大清真寺[①]，其中最先建成的是泽扎德清真寺。这座清真寺沿袭了奥斯曼清真寺建筑已有的主题，如使用穹顶、半穹顶、宣礼塔和庭院，在风格和功能上都和拜占庭建筑一脉相承。这种基调基本是由537年的阿亚索菲亚清真寺奠定的。阿亚索菲亚清真寺完工时是世界上最大的建筑，至今仍然是伊斯坦布尔主要的宗教和文化象征之一。

但是锡南在泽扎德清真寺中加入了不同的

下图：伊斯坦布尔的苏莱曼清真寺。

① 又名皇子清真寺，是奥斯曼帝国的苏莱曼一世为了纪念他早逝的儿子穆罕默德皇子而委托锡南建造的。——译者注

上图：泽扎德清真寺穹顶内部。

元素，形成了他个人的独特风格。泽扎德清真寺内部是单一、巨大的开放空间，没有廊台，光影交错的动感效果让勒·柯布西耶大为惊叹。为了支撑穹顶，同时尽可能增加光照，锡南将扶壁隐藏在墙壁之后，而墙壁又为一排门廊所遮盖。

7年后，锡南的又一杰作诞生了。伊斯坦布尔的苏莱曼清真寺包含了泽扎德清真寺的主题元素，但更加雄伟，这次锡南没有直接用柱子来支撑穹顶，从而带来了更加统一的内部空间。庭院的构造令人称奇，列柱中庭精妙绝伦，奢华地使用了大理石和花岗岩，并在清真寺广阔的几何构图中完美对称。

但是，埃迪尔内的塞利米耶清真寺（1574）才是锡南的巅峰之作。这座清真寺是伊斯兰建筑中的杰作，寺里4座83米高的宣礼塔至今仍保持着最高纪录。风格统一的内部空间、有序

的构图、精确的形状、相映成趣的球面、和谐的整体结构，都堪称完美。锡南早期作品多用穹顶和半穹顶，而在这座清真寺他只用了一个巨大的穹顶，这个大穹顶接近阿亚索菲亚清真寺穹顶的规模，体现了锡南的建筑结构设计理念已接近成熟。

锡南的伊斯兰风格穹顶和同时代文艺复兴时期欧洲基督教圣殿穹顶明显具有共同之处。锡南在建造扶壁、支柱、拱券以及确保几何比例方面遇到的挑战和米开朗基罗、布拉曼特、克里斯托弗·雷恩遇到的一样。早年当兵时，锡南游历欧洲，一定看到过许多文艺复兴时期的作品。同样，米开朗基罗和达·芬奇也明白，文艺复兴时期的古典建筑也是由拜占庭艺术发展而来。锡南的作品当之无愧是伊斯兰建筑的巅峰之作，但伊斯兰建筑和西方建筑的互联互通也不应被忘记。

意大利　1508—1580

主要作品
圣乔治－马焦雷教堂、帕拉第阿娜大教堂、卡皮塔纳塔宫（位于维琴察）

主要风格
新古典主义文艺复兴

上图：安德烈亚·帕拉第奥。

安德烈亚·帕拉第奥

要想找到18世纪伦敦建筑风格的起源，就要回到16世纪意大利东北部的威内托大区，在美丽的城市维琴察探寻一番。

上图：从威尼斯水滨看到的圣乔治－马焦雷教堂。

为什么呢？因为和其他地方不同，在18世纪上半叶的英国建筑领域占据主导地位的是帕拉第奥主义——是受意大利文艺复兴的伟大建筑师安德烈亚·帕拉第奥的启发而兴起的。

帕拉第奥对西方建筑的影响是无法估量的。他的理念不仅受英国人追捧，在法国、德国、爱尔兰和美国也深受推崇，在他的家乡意大利更是广受欢迎。其中许多理念几个世纪以来经久不衰，为后人所称道。帕拉第奥主义以他的名字命名，这是建筑界的殊荣，也反映了他的建筑理念中浓重的个人色彩。

为了表明自己坚定追随古典主义，帕拉第奥最开始就用了一种十分引人注目的方式——改名。生于帕多瓦的帕拉第奥原名安德烈亚·迪·皮耶罗·德拉·冈多拉，他很早就对石刻产生了兴趣。搬到维琴察后，他给人当学徒，学习石刻和建筑技艺，其间深深迷上了古罗马文化。

30岁时，冈多拉接到了平生第一个委托任务，同为古典主义忠诚信徒的当地学者特里西诺委托他重建自己的别墅。他对冈多拉的作品大为惊叹，于是给他起了一个名字，他后

来以这个名字被世人记住。这个名字就是帕拉
第奥,来源于古希腊智慧女神帕拉斯·雅典娜。
帕拉第奥主义也自此诞生了。

　　帕拉第奥主义遵从古典主义,尤其是古罗
马主义,帕拉第奥将古典传统视为道德、文化和
建筑上的理想典范。帕拉第奥依据严格的古典准
则来进行自己的建筑设计,同时深受维特鲁威建
筑理念的影响。他认为古典主义是一种能给不可
预测的世界带来秩序和理性的方式。他的建筑物
重视对称、透视、比例和平衡,以实现古典世界

中的尽善尽美。

　　这种风格与帕拉第奥去世后巴洛克时代的
张扬浮夸可谓风马牛不相及。巴洛克时代的波
罗米尼和贝尼尼两人在建筑界龙争虎斗,力图
把自己的作品表现得夺人耳目、动人心魄,而
帕拉第奥却在努力追求规矩和秩序,在他设计
的建筑中,门廊、凉廊、支柱、山形墙、穹顶
和谐共存,与周围的自然风光相映成趣,精妙
的安排闪烁着理性的光芒。

　　帕拉第奥的作品遍布威内托,许多都被

上图：描绘维琴察帕拉第阿娜大教堂的版画。

联合国教科文组织列为世界遗产。帕拉第奥建造了教堂、别墅、宫殿、豪宅和村舍，精确运用了古典主义原则，连房间和立面都是基于数学比例。和他所崇拜的维特鲁威一样，帕拉第奥把自己的大部分建筑理念付诸笔端。他最重要的论著《建筑四书》（I quattro libri dell' architettura，1570）对后世有着深远的影响。

对帕拉第奥主义响应最积极的要属英国，这种风格在那里复兴了两次。第一次是17世纪初伊尼哥·琼斯借帕拉第奥风格将古典主义带到了英国；第二次是一个世纪后，科伦·坎贝尔和伯灵顿勋爵等较为激进的年轻建筑师试图用帕拉第奥主义来净化他们眼中华而不实的巴洛克。事实上，为帕拉第奥主义所唾弃的巴洛克恰恰是前者的头号劲敌，也正因为巴洛克统治了整个17世纪以及18世纪初期的欧洲艺术和建筑，之后帕拉第奥的作品才被重新加以审视并实现复兴。

帕拉第奥的遗产不仅仅存在于他的建筑中。尽管现代建筑痴迷于新事物的魅力，但帕拉第奥告诉我们，建筑更多的是重塑旧观念，而不是创造新观念。古罗马和古希腊文化启发了维特鲁威，维特鲁威启发了帕拉第奥，帕拉第奥启发了伊尼哥·琼斯，伊尼哥·琼斯启发了伯灵顿勋爵；之后的托马斯·杰斐逊以及美国其他的建筑师也都是站在前人的肩膀上，而他们又成为后人的灵感来源。一代又一代匠人承前启后、继往开来，建筑，尤其是古典主义，并不会局限于某个概念，而是在循环往复的周期中不断焕发生机。帕拉第奥主义衍生出的流派在各个时代悄然回响，便是最好的证明。

右图：卡皮塔纳塔宫。

英国 1573—1652

主要作品
王后宫、国宴厅、考文特花园
广场

主要风格
帕拉第奥主义

上图：伊尼哥·琼斯。

下图：白厅国宴厅中鲁本斯所绘天花板。

伊尼哥·琼斯

建筑风格的发展通常是缓慢的，因为需要一批志同道合者的努力才能革故鼎新。

比如在16世纪末，为了反对宗教改革，罗马天主教发起了巴洛克文化运动，在一大批画家、雕塑家、艺术家和建筑师的推崇下，巴洛克在欧洲社会生根发芽。很少有人能以一己之力、凭借一栋建筑让一种新风格在一个因循守旧的国家落地生根，但这正是伊尼哥·琼斯所做的。

他在格林威治宫建造的王后宫开工于1619年，在当时就仿佛是外星人到来一般，震惊了地球人。文艺复兴已经过去一个世纪了，早在琼斯出生前，古典主义就已取代哥特式成为欧洲的时尚

下图：格林威治王后宫，展示了完美的几何比例。

风潮。但是那时英国盛行的是传统的都铎式，坚持旧有的詹姆斯一世时期的、伊丽莎白一世的、哥特式的建筑风格。

王后宫落成后，完美对称的结构、粉刷得雪白的墙壁、水平的轮廓线、镶嵌框格的窗户，一反传统，迎来了改变英国面貌的文化革命。

琼斯酷爱颠覆。他出生于伦敦郊区一个裁缝家庭，最初做布景设计的工作。在工作中，他接触到豪华的宫廷生活，并一步步晋升为首席设计师，为詹姆斯一世国王和他的妻子安妮设计奢华的戏剧表演（假面舞剧）。在他的一生，琼斯布置了500场假面舞剧，并进行了两大创新：活动布景和镜框式舞台。这两项创新对英国戏剧产生了重要的影响。

但是他在建筑上的影响更加深远。1613年，由于创造才能卓著，他被任命为国王工程的测量师，负责所有英国皇室建筑项目。游历罗马和意大利北部的时候，帕拉第奥的作品深深影响了他的建筑观。王后宫精确的比例和简洁的几何构图，显然是借鉴帕拉第奥的，在接下来的工作中，琼斯也运用了这种设计理念。

1622年开工的国宴厅（机构庞杂的白厅中的一部分）可以说是他最伟大的建筑作品，延续了他把文艺复兴建筑风格植根英国的努力。国宴厅有巨大的帕拉第奥式的双层立面和壮观的内部大厅，天花板上是彼得·保罗·鲁本斯创作的寓言

壁画，气势磅礴，波澜壮阔。该建筑在规模和装饰上超越了王后宫，显示了琼斯单枪匹马将古典主义引入英国的决心，而这也得到了开明的皇室赞助人的坚定支持。

1638年，琼斯又开始建造白厅。当时詹姆斯一世的儿子查理一世成为国王，计划拆掉白厅（除了国宴厅），将其重建为壮观的文艺复兴式宫殿。这座宏伟的古典风格建筑拥有7个巨大的庭院，从现在的诺森伯兰大道延伸约0.8千米，直达圣詹姆斯公园湖，体现了查理一世的专制野心，并改变了伦敦市中心的面貌。可惜他宏伟的蓝图因英国内战而被迫中断，最具讽刺意味的是，查理一世国王正是在最能凸显

白厅富丽堂皇的国宴厅中被处死的。

琼斯在其他地方似乎运气好一点。他在伦敦的哥特式圣保罗大教堂新建了一个古典门廊，但在他去世14年后，两者都被大火烧毁。他设计了许多乡间别墅，最著名的是威尔特郡的威尔顿别墅，宏伟的双立方房（1653）融合了帕拉第奥式的比例和奢华的镀金装饰。琼斯还精通城市规划，并在伦敦市中心留下了不可磨灭的印记，设计了最古老、最大的广场——林肯律师学院广场。

考文特花园广场（1630）卓尔不群，可与王后宫相媲美，是英国首个布置井然的古典式广场。广场的设计受到意大利模式的启发。周围建筑物鳞次栉比，中心矗立着琼斯设计的带有柱廊的精美教堂，整个广场呈现完美对称的形态，在当时的伦敦别具一格。这座广场彻底改变了伦敦的城市规划，并促进了如今伦敦常见的住宅广场的诞生。

琼斯留下了丰厚的遗产。虽然英国内战打断了他的职业生涯，而且在查理一世去世11年后，君主制复辟，巴洛克式成为风尚，但他所推崇的帕拉第奥主义在18世纪上半叶成了英国的标志性建筑风格，琼斯终于成为笑到最后的人。促成这一逆转的建筑师伯灵顿勋爵、科伦·坎贝尔和威廉·肯特都深受琼斯的影响。毫无疑问，琼斯是英国文艺复兴时期最伟大的建筑师，他把古典主义带到英国，硬是让这个故步自封的国家选择了弃旧扬新。

左图：描绘17世纪考文特花园广场的版画。

乔凡尼·洛伦佐·贝尼尼

在16世纪即将结束之际，天主教出于对宗教改革的忌惮，发起了一场夺人眼球的艺术运动，意在强化上帝的荣耀，把人们的注意力从马丁·路德等人揭露的精神弱点中转移出来。

意大利 1598—1680

主要作品
圣彼得广场和柱廊、圣安德烈·阿尔·奎里内尔教堂、四河喷泉

主要风格
巴洛克

上图：乔凡尼·洛伦佐·贝尼尼。

在接下来两个世纪的大部分时间，巴洛克运动主导了欧洲及世界的艺术，这也是历史上最成功的政治宣传之一。

这也就解释了为什么巴洛克时代最伟大的建筑师乔凡尼·洛伦佐·贝尼尼动荡的生活和混乱的家庭，会让一位（至少表面上）正直的宗教赞助人感到头疼。贝尼尼英俊、热情、才华横溢，在那不勒斯出生的他八岁就被称为神童，他追随父亲的脚步，因其突出的才华在雕刻事业上崭露头角。

贝尼尼有时候会表现得非常暴躁、狠毒。尽管贝尼尼后来表示忏悔，并在婚姻和信仰中找到了救赎，但他火爆的性情完美地体现了他的作品所代表的巴洛克风格。巴洛克一词来源于葡萄牙语 barroco，意思是畸形或破损的珍珠，这个翻译完美地总结了巴洛克风格：追求一种破碎之美，虽有缺憾但不刻板。

上图：罗马圣彼得广场周围的柱廊。

左下图：圣安德烈·阿尔·奎里内尔教堂充满戏剧表现力的巴洛克式天花板。

古典主义是严肃、内敛的，而巴洛克则是彻头彻尾的反义词。它驾着马车招摇过市，穿过古典主义，追求奔放张扬的戏剧表现力。巴洛克建筑采用了所有公认的引人注目的手段——动态变化、厚重感、对比、色彩、幻觉、光线、阴影、装饰、立体感，各种元素扑面而来，令人不由得屏息凝神，惊叹不已。

这就是贝尼尼的作品带给我们的感受。他雕刻的人物栩栩如生，以充满戏剧张力的姿势凝固，长袍飘逸，灵动脱俗。最能体现这些特色的是他最著名的雕塑作品《圣特蕾莎的狂喜》，据说，作品生动形象地描绘了一位看到宗教幻像

而既痛苦又享受的修女，但几代愤怒的学者称这一作品代表了一种肉欲的狂欢。

他在雕塑中运用的原则激活了他的建筑。在他最伟大的作品罗马圣彼得广场中，广阔的广场被围在巨型柱子中，这些柱子像手臂一样环绕着前来朝拜的人。在真正的巴洛克传统中，这种姿势是精心安排的，极富戏剧表现力。柱廊先是呈曲线状，然后突然向外挤压以跟随视角，最终冲向卡洛·马代尔诺设计的圣彼得大教堂的宏伟立面。凭借其巨大的规模、空间变化和精心设计的几何运动，圣彼得广场成为巴洛克式建筑和城市规划中最伟大的作品之一。

贝尼尼以同样的方式设计了别的教堂、小礼拜堂、喷泉和广场，通常是对他人作品进行扩建或重建，但会运用他的标志性元素来加以点缀。他接受的所有委托任务几乎都在罗马，贝尼尼在塑造罗马的巴洛克风格方面做了很多贡献。他的一位赞助人教皇乌尔班八世对他说："你为罗马而生，而罗马也为你而生。"

贝尼尼最大的对手是另一位杰出的巴洛克天才弗朗切斯科·波罗米尼。贝尼尼迷人、热情，而波罗米尼则好斗、忧郁，在67岁时用剑自杀。虽然互相鄙夷，但两人曾在同一个项目中施展拳脚，贝尼尼设计的部分体现了他的建筑天分。

17世纪50年代，教皇英诺森十世将纳沃纳广场改造成罗马最壮观的公共场所之一。广场的核心景观是四河喷泉，用大理石、石灰华和花岗

岩雕刻成的巨大雕塑支撑着一座高耸的埃及式方尖碑。由贝尼尼设计的喷泉中的河神围坐在岩石底座旁，底座将水喷入周围的水池；其中一个人物戏剧性抬手遮住了他的视线，仿佛不愿目睹对面波罗米尼设计的圣依搦斯蒙难堂的壮观景象。

从中我们可以发现贝尼尼作品的精髓。他的喷泉不是突兀、没有灵魂的摆设，而是对周围环境的戏剧性反应。建筑、公共空间、雕像和水共同演奏了一段令人心醉神迷的乐章，这就是巴洛克式风格最激动人心的地方。作为建筑师、雕塑家、艺术家、画家、剧作家和城市规划师，贝尼尼明白，所有艺术，尤其是巴洛克艺术，都是一场感官上的盛宴，没有感情的建筑则一无是处。

左图：四河喷泉。

右图：喷泉中央的马雕塑。

法国 1612—1670

主要作品
卢浮宫柱廊、凡尔赛宫、四国学院

主要风格
巴洛克

上图：路易斯·勒沃。

路易斯·勒沃

16世纪的法国是欧洲的文化中心，巴黎是当时世界上最大的城市，而主导法国建筑的是大师儒勒·哈杜安·孟萨尔和路易斯·勒沃。

由于两人都是直接为国王路易十四效力，因此他们就有机会塑造法国的形象和民族特性。

儒勒·哈杜安·孟萨尔（1646—1708）负责巴黎几处最著名的建筑（如荣军院教堂）和公共场所（如胜利广场和旺多姆广场）。他最大的成就是扩建凡尔赛宫，在勒沃去世后改造并扩建了勒沃建成的花园。孟萨尔还建造了富丽堂皇的镜厅，因为镜厅这一亮点，凡尔赛宫皇宫典范的地位愈发不可动摇。他的作品标志着路易十四宫廷所代表的巴洛克式辉煌达到巅峰，因此这种风格有时被称为路易十四风格。

然而，相对来说，勒沃的作品带来的文化影响更加广泛，这主要是因为一项特殊的建筑工程：卢浮宫柱廊。在此之前，勒沃的事业早已非常成功。他出生在巴黎一个石匠家庭，最初与父亲和弟弟一起工作。在为贵族设计联排别墅的时候，他引起了国王的注意，最终获得了一项回报丰厚的委托任务——为国王的财政大臣设计城堡。

从各个方面来说，沃子爵城堡（1658—1661）

上图：儒勒·哈杜安·孟萨尔在勒沃奠定的基础上设计的凡尔赛宫镜厅。

都是典型的法国巴洛克式城堡。城堡有着高耸的四坡屋顶和垂直的立面，遵循了法国文艺复兴时期古典主义的传统，但那庞大的中央圆顶又显得十分前卫，带来奢华之感。城堡的景观、建筑和内景三重元素相互融合、浑然天成。对勒沃的事业来说更重要的是，勒沃与著名园林设计师安德烈·勒诺特尔和著名宫廷画家查尔斯·勒布伦建立了成功的合作伙伴关系，这种关系延续到了建造凡尔赛宫的时候。路易十三买下了凡尔赛宫作为狩猎行宫，然后扩建为一座普通的城堡。他的儿子路易十四雄心勃勃，想把城堡变成一座宏伟的宫殿。从1661年开始，

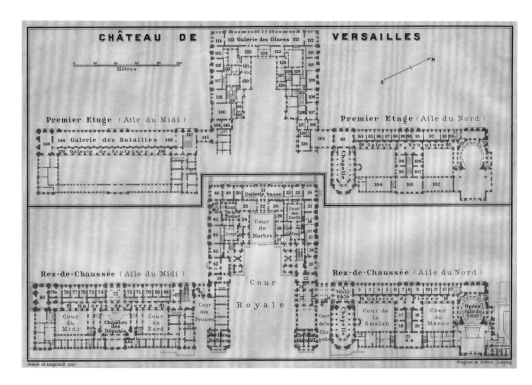

左图：凡尔赛宫的平面图。

右图：卢浮宫柱廊。

下图：四国学院带有穹顶的主楼。

勒沃就被请来负责凡尔赛宫的建造工作。在原来的地基上，标准的古典立面拔地而起，先前的城堡被勒沃巧妙地保留下来，成为扩建后宏大建筑群的核心。孟萨尔又扩建了凡尔赛宫并进一步设计了内景，勒沃设计了关键的花园正立面，孟萨尔又将之建造得更加华丽。

勒沃随后负责了其他皇家委托任务，改造了卢浮宫中央庭院的南翼，还建造了宏伟的四国学院，弧形的对称两翼从覆盖着中央穹顶的雄伟大楼延伸出来，这一设计很大程度上归功于意大利巴洛克的动态几何编排。这座建筑当之无愧是勒沃最具巴洛克风的设计。

但四国学院与他最伟大的作品卢浮宫柱廊的风格完全不同。建造柱廊的时候，几位知名建筑师受邀参与设计招标。为了中标，贝尼尼在巴黎待了几个月，可他的设计一个都没被选中，于是气冲冲地打道回府。他被拒绝也显示出法国古典主义建筑流派越来越自信，不再把

之前占主导地位的意大利巴洛克文化奉为圭臬。

中标的作品不是勒沃本人设计的，但他是中标团队中的资深成员，团队包括建筑师克洛德·佩罗和先前提到的勒布伦。该设计以冷静的克制和极高的清晰度而著称。巴洛克风格的矫揉造作和法国文艺复兴时期的复折式屋顶已经一去不复返了，取而代之的是一种简洁洗练、肃穆、近乎图式一般的立面布置，突出但并不突兀的中央和侧翼之间穿插着两列宏伟的、深

深嵌入的柱廊，顶部是连绵的栏杆。

这个作品远远领先于时代，启发了18世纪至19世纪的新古典主义复兴和布杂艺术，为世界各地的公共建筑树立了标准的构图和装饰模板。受它启发的建筑有巴黎协和广场、加尼叶歌剧院、大都会艺术博物馆、宾夕法尼亚车站，甚至美国国会大厦的侧翼。勒沃不仅让皇宫的面貌焕然一新，还帮助建造了西方建筑界最具影响力的建筑之一。

克里斯托弗·雷恩爵士

英国　1632—1723

主要作品
圣保罗大教堂、格林威治医院、
汉普顿宫（南翼和东翼）

主要风格
英国巴洛克

上图：克里斯托弗·雷恩爵士。

　　克里斯托弗·雷恩出生时，英国文化被认为是一潭死水。而路易十四时代的法国则是欧洲的文化领袖，大多数欧洲国家都愿意借鉴法国和意大利的风格。

　　英国也不例外，几个世纪以来都在学习罗马式、哥特式和帕拉第奥式的建筑风格，并加以本土化。如果谁说英国建筑能影响其他国家，那简直是无稽之谈。

　　等到雷恩去世时，伦敦已经发生了翻天覆地的变化，拥有基督教世界第二大的古典式穹顶、英国有史以来最具国际影响力的建筑圣保罗大教堂，除

下图：圣保罗大教堂是评判伦敦天际线的试金石。

右图：格林威治医院的画壁，以英国的西斯廷教堂著称。

罗马之外欧洲最大的巴洛克教堂群，以及位于格林威治医院的"英国版西斯廷教堂"。英国建筑现在已成为欧洲乃至全世界争相效仿的对象，而这个惊人的转变主要归功于雷恩，他至今仍然是英国有史以来最伟大的建筑师。

雷恩出生于英国内战前十年，他的家乡位

于威尔特郡农村，父亲是一位受人尊敬的牧师。31岁时雷恩设计了他的建筑处女作——彭布罗克学院的小教堂。此前他早已在科学、数学和天文学上有所专长，这样的背景使他不仅本领过人，还有着一丝不苟、有条不紊的精神，善于解决问题，这对他后来的建筑事业大有裨益。

雷恩进军建筑界的过程伴随着他一生中的两次重大事件：1665年的巴黎之行和次年的伦敦大火。随着凡尔赛宫和卢浮宫的扩建，巴黎成为建筑中心，雷恩也接触到了巴洛克风格。虽然没有记录表明他在巴黎见过贝尼尼，但正是因为这位意大利建筑师，雷恩才不可避免地深受巴洛克风格的影响。

这种影响在伦敦大火之后愈发明显。雷恩不是那种会任由机会流失的人，他在一周之内就制订出了重建计划，旨在将混乱不堪的伦敦重建为一座耀眼的大都市，在他的设计方案中，如箭矢般笔直的大道从网格状布置井然的广场

中辐射出来。雷恩雄心勃勃，虽然得到查理二世国王的热情支持，但地主却拒绝放弃地块租约。不过，大火点燃了巴洛克的导火索，随着计划中唯一得以实现的圣保罗大教堂的重建熊熊燃烧起来。

包括伊尼哥·琼斯建造的伟大的文艺复兴时期门廊在内的大教堂被大火烧毁，雷恩和国王立即计划重建。雷恩最得意的计划以模型的形式被保存下来，如今展示在教堂的地下室中，这个计划体现了巴黎对雷恩的影响以及他对巴洛克风格已经成熟的理解。雷恩设计了基于集中式（以及巴洛克式）的希腊十字平面，而不是哥特式大教堂所青睐的拉丁十字，圣保罗大教堂被认为是一座巨大的、具有山形墙的古典教堂，上面覆盖

着与圣彼得大教堂相似的巴洛克穹顶。

这带来了一个问题。宗教改革后的英国是一个宗教色彩浓厚的地方，主教堂竟要效仿巴洛克天主教的建筑形式，教会对这种想法深恶痛绝。出于负责任的考虑，他们批准了雷恩为安抚教会而精心设计的替代方案，该方案是带有英国特色的哥特式和古典式的混合体，不伦不类——教堂是尖顶而非圆顶。这栋建筑从未建成，证明了雷恩的战术和政治才能。在国王的默许下，他利用教会在契约上赋予他的权力进行"装饰性改造"，因此改变了设计，建造出了我们今天看到的完全不同的建筑。

圣保罗大教堂是杰作，但也是非常英式的妥协。教堂采用拉丁十字形平面，配有隐藏的

飞扶壁，将符合哥特式的元素隐藏在雷恩钟爱的古典风格之后。由于这座教堂具有巨大的规模、壮美的外观、丰富的装饰、富有表现力的雕像和令人叹为观止的穹顶，它无疑也是巴洛克风格。但雷恩达成了一种比他的意大利同行更温和的中间方案，同时强调了空间活力和结构复杂性等特征。英国巴洛克风格就此诞生了。

由于雷恩的努力，这种风格在接下来的半个世纪里在英国流行。在1669年成为国王工程的测量师后，他做出了一系列惊人的成就。在建造圣保罗大教堂的36年里，他竟也建造了肯辛顿宫、格林威治医院、格林威治天文台和切尔西皇家医院，重建了汉普顿宫的一半，扩建了几所在牛津和剑桥的学院，还建造了富丽堂皇的豪宅、圣殿酒吧的装饰拱门、伦敦大火纪念碑，以及最令人印象深刻的伦敦的52座巴洛克式教堂，这些教堂为英国刚刚起步的圣公会教堂带来了独特的建筑特色。

这些非凡的作品体现了雷恩的多才多艺和心灵手巧。没有任何两座建筑是相同的。他后来在格林威治的项目，以及他为白厅宫设计的未被实施的建筑计划，尤其展示了他与贝尼尼接近的巴洛克式构图创造力。和贝尼尼一样，雷恩了解艺术整体的重要性，并明智地与才华横溢的雕塑家、画家、木雕师和五金商合作，用各种装饰美化了他的建筑，让英国巴洛克风格呈现出独特的感官体验。

在雷恩生命的尽头，巴洛克风格在英国为复兴的帕拉第奥主义所抹杀，帕拉第奥主义的追随者明确表示，圣保罗大教堂的奔放张扬令人尴尬。但雷恩的遗产依然流芳百世：许多建筑的圆顶都是借鉴圣保罗大教堂圆顶的，如巴黎万神庙和美国国会大厦；圣彼得堡的教堂圆顶和尖顶与彼得大帝在伦敦看到的如出一辙；还有很多建筑师的作品也受到雷恩的启发。但雷恩最重要的遗产在于，他为我们树立了榜样，让我们明白要做好建筑这一行，就必须学会运用所有艺术形式中最微妙的一种，那就是妥协。

左上图：圣保罗大教堂内部景观。

右图：雷恩设计的汉普顿宫喷泉庭院。

英国 1661—1736

主要作品
史匹特菲尔德基督教堂、伊斯顿
内斯顿乡间别墅、西敏寺的塔

主要风格
英国巴洛克

上图：尼古拉斯·霍克斯穆尔。

尼古拉斯·霍克斯穆尔

受克里斯托弗·雷恩影响的英国巴洛克风建筑师中，没有一个比他的学生尼古拉斯·霍克斯穆尔更特立独行、神秘莫测，或者说更有天赋。尽管几个世纪以来，霍克斯穆尔遗产的价值都只是以别的建筑师为基准来衡量的。

雷恩在听说霍克斯穆尔的技艺后聘请他担任文员，让他在当时一些最伟大的作品中担任助理，包括格林威治医院和肯辛顿宫。霍克斯穆尔后来也协助约翰·范布勒爵士完成了两大杰作——霍华德城堡和布莱尼姆宫。

看到霍克斯穆尔对这两位著名巴洛克建筑师谦卑以待，人们就容易忽视这样一个事实，霍克斯穆尔拥有与他们相媲美甚至超越他们的天赋。此外，另一个事实是，霍克斯穆尔的人生就像他的建筑一样，也是活在阴影里。他18岁就为雷恩工作，此前的情况鲜为人知。他是在英国君主制复辟后不久出生在诺丁汉郡的，卑微的出身可能也限制了他名声的传播。

与性格外向的雷恩和范布勒不同，据说霍克斯穆尔安静、忧郁，容易情绪低落，会进行

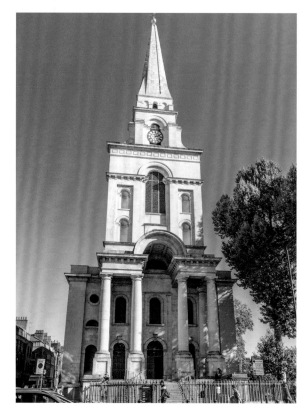

右图：伊斯顿内斯顿乡间别墅的楼梯间，由霍克斯穆尔独立设计。

左图：史匹特菲尔德基督教堂。

长时间的反思——这些特征在他的建筑中也表现得很明显。不过，他的作品还是别出心裁、标新立异的，因此在英国建筑之林中独树一帜。

虽然他的许多建筑作品都是和别人合作设计的，但后来他也独自完成了一些建筑，从这些建筑项目中我们可以了解到他采用的方法。1711年，虔诚的安妮女王通过了在伦敦市和西敏市新建50座教堂的法案，希望在道德上净化物欲横流、罪恶丛生的伦敦地区。从1712年到1731年，在50座拟建教堂中，只有12座建成，其中6座由霍克斯穆尔建造。

这些教堂体现了霍克斯穆尔毫不妥协、挑战正统的巴洛克风格。它们令人印象深刻，极富戏剧表现力，并包含山形墙、门廊、拱券、柱子等公认的古典主义元素。但这些元素被霍克斯穆尔用一种出人意料的方式夸大了，不是通过建筑物的规模，而是通过靠近较小窗口的大量石头元素的排列。在伍尔诺斯圣马利亚堂，浓重的粗粝气息表现出紧缩感，暗示着更沉重的质感。而在厚厚的墙壁上开几扇小窗，顶部用巨大的拱顶石，这样的造型看起来有一种粗犷、狰狞之感，完全颠覆了传统巴洛克蛊惑人心的张扬之风。

但只有巍峨的史匹特菲尔德基督教堂——可以说是霍克斯穆尔最伟大的教堂——才充分显露出他作品的另类特质。高耸的金字塔形尖顶，雕塑般的质感，一根根朴实无华的石柱，使教堂具有一种原始的粗野气息，仿佛是在一块巨大的岩石上凿刻而成的。突出的肋状隆起，穿插着深邃的有遮顶的空洞，而整体轮廓又干净利落，教堂具有神秘的哥特式特色，与其说是基督教徒的圣殿，不如说更像是异教徒的祭坛。森冷空寂，超凡脱俗，弥漫着一种肃杀之气。这座教堂标志着霍克斯穆尔对巴洛克式黑暗艺术的高超诠释，与雷恩的优雅精确迥然不同。

不过，霍克斯穆尔的作品也并不都是这样的风格。在他设计的牛津克拉伦登大楼、格林威治医院的威廉国王大楼和遗憾未完成的伊斯

左图：伍尔诺斯圣马利亚堂粗面砌筑的建筑特色。

上图：霍华德城堡的陵墓。

顿内斯顿乡间别墅中，他采用了更传统的罗马神庙模式，通过精心营造虚实相间的意境，巧妙布排朴实无华的石块，使古老的模式重焕生机。

这些超凡脱俗的教堂成为他不朽的遗产，此外，他位于霍华德城堡的陵墓又美得令人魂牵梦绕，正因如此，他的建筑才让一代又一代作家、艺术家、诗人、电影制作人甚至术士如痴如醉。

研究霍克斯穆尔的作品还会得出一个耸人听闻的结论：如果把他在伦敦建造的教堂的位置在地图上连起来，会发现是一个类似于荷鲁斯之眼的形状，这是一种古埃及象形符号，意思是健康的象征或死人之地。不管是不是杜撰的，这都表明，一位建筑师的非凡作品捕捉到了一种罕见而永恒的诗意和灵性，至今仍能引起强烈的共鸣。

英国 1664—1726

主要作品
布莱尼姆宫、霍华德城堡、格
林威治医院

主要风格
英国巴洛克

上图：约翰·范布勒爵士。

下图：北约克郡霍华德城
堡设计图。

约翰·范布勒爵士

在建筑师经常从事多种职业的年代，约
翰·范布勒爵士是彻头彻尾的全才。

除了在他那个时代与雷恩和霍克斯穆尔并称为英
国巴洛克三巨头之外，范布勒还当过剧作家、政治活
动家、房地产开发商、剧院经理、海军军官，甚至还
坐过牢。

除了他的建筑，范布勒主要以剧作家的身份被人们
铭记，他的戏剧《愤怒的妻子》至今仍在世界各地定期
上演。这样的跨界也很有趣，因为在他的建筑和多姿多
彩的一生中，我们看到了同样的戏剧性。

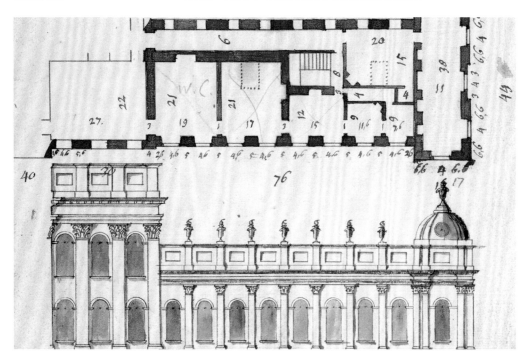

下图：已经完工的北约克郡霍华德城堡，是完全按照范布勒的图纸（第52页左下图）设计的。

范布勒的家庭是罕见的有20个孩子的大家庭，他排行第五，父亲是一位佛兰德斯的新教布商，他的信仰也影响了范布勒的政治信仰。在狂热的17世纪80年代，范布勒不知何故成为一名秘密特工，密谋推翻天主教徒詹姆斯二世，支持未来的国王、新教徒威廉三世。他表明自己是新教辉格党的忠实拥护者，该党后来成为他赞助人的重要来源。

由于涉嫌煽动叛乱，范布勒于1688年在加来被捕，坐牢4年。获释后，他在巴黎短暂停留，这对他的建筑生涯产生了重大影响。他欣赏到了刚刚建成的卢浮宫和荣军院等建筑，领略到了如何利用华丽的建筑来让人产生情感反应。

这一特征在范布勒设计的第一座建筑中非常明显。他是在36岁时开始从事建筑行业的，在辉格党人脉的帮助下，他击败了坏脾气的威廉·塔尔曼，赢得了为卡莱尔勋爵建造新的乡村别墅的委托任务。霍华德城堡就这样诞生了，它彻底改变了范布勒的职业生涯，也彻底改变了英国建筑风格。

英国人从未见过这样的建筑。虽然巴洛

克式的查茨沃斯庄园已在建造，而克里斯托弗·雷恩几十年来也一直在采用巴洛克式风格。但这些作品至少在那时还仅限于古典巴洛克，为了迎合英国人的口味，天主教的过分铺张的风格得到缓和。但在霍华德城堡，范布勒让更张扬的巴洛克风焕发生机，雕像和装饰精美绝伦。在奢华的圆顶门厅中，我们可以看到范布勒最精妙的室内设计，平平淡淡的日常生活变得五彩缤纷、富丽堂皇，宛如一场动人心魄的歌剧。

如果说我们在霍华德城堡观看了一出好戏，那么在范布勒最伟大的建筑布莱尼姆宫欣赏到的就是火力全开的传奇剧。在广阔的大庭院中，范布勒用一砖一瓦打造出一部轰轰烈烈的巨作。从用柱廊代替的侧翼到雄伟的中央门廊，戏剧表现力不断增强，每一幢互相交织的大楼都为这部精心编排的建筑戏剧增光添彩。

下图：布莱尼姆宫全景，极富巴洛克式的戏剧表现力。大楼相互交织、错落有致，在范布勒的设计下，整个画面气势磅礴、波澜壮阔。

上图：威廉国王大楼，位于格林威治皇家海军学院。格林威治见证了范布勒与霍克斯穆尔终生的合作伙伴关系。

一路上，由拱门、瓮、塔楼组成的支撑铸件奠定了宏大的场景，每一处都完美对称地排列，体现出扣人心弦的戏剧感染力。充满活力的轮廓、动感十足的造型、强健的骨架、一根根如暴起的青筋般的支柱，布莱尼姆宫迸发出一种原始的、昂扬的力量，荡魂摄魄，仿佛人类对蓬勃生机的热切追求被压缩了，凝固为拳击手或健美运动员精心设计的定格。这座壮美的建筑如同一场纯粹的表演，个性鲜明，巴洛克的戏剧性表现得最明显，但也最人性化。这是范布勒的决定性成就，他也因此获得爵士封号。

随后范布勒又在金斯韦斯顿和锡顿德勒沃尔建造了乡村别墅，但再也无法达到之前的高度。他在完成雷恩的格林威治医院时最接近这种水平，他对威廉国王大楼的扩建表现出类似布莱尼姆宫的几分原始、紧实的厚重感。

范布勒的生活充满矛盾。在没有受过正规建筑教育的情况下，他创造了一些伟大的作品。作为一名公开信奉的新教徒，他设计的建筑洋溢着天主教的色彩。甚至他的个人生活也是矛盾的。尽管他创作的粗俗戏剧将婚姻描绘成风流闹剧，但他直到55岁才结婚，而且据说一直都很幸福，直到他7年后去世。

如果说范布勒的生活还有不矛盾的地方，那就是他生来就认识到人类的戏剧本质。无论用笔创作还是用石头创作，范布勒都将戏剧带入了生活，在他那些美轮美奂的建筑中，戏剧性不仅能被看到，还能被触摸到。

英国 1752—1835

主要作品
白金汉宫、摄政街、大理石拱门

主要风格
新古典主义 / 摄政风格

上图：约翰·纳西。

约翰·纳西

在伦敦城的悠久历史中，唯有这一次，杂乱无章的布局给一张宏伟的蓝图让了步。

克里斯托弗·雷恩在1666年尝试未果，但150年后，另一位建筑师成功了，他和雷恩一样，为塑造伦敦市中心的风貌做出了重大贡献。

约翰·纳西是18世纪中期英国新古典主义运动的领军人物，这一运动取代了帕拉第奥主义。他出生于伦敦南部的一位威尔士工匠家庭，15岁时给著名建筑师罗伯特·泰勒当学徒，但他很快就厌倦了这位帕

上图：摄政街是纳西在城市规划方面的遗产，也体现了城市街道的壮观。

左图：白金汉宫纳西豪华摄政风的典范。

拉第奥风格大师严格的古典主义规矩。

英国企盼的是这样一种风格：在维特鲁威无处不在的影响下，继承古典传统通则，但不像帕拉第奥主义那样过分追求精确而显得吹毛求疵，而是更自由、更轻盈，戏剧表现力更强。这种风格不仅可以用来设计优雅的别墅，也可以应用于工业革命中更庞大的公共建筑。西方文化渴望宏伟，而不仅仅是优雅。于是，新古典主义运动诞生了。

起初，纳西只是小试牛刀，而且基本上没有成功。31岁时，在房地产投机失败后，他破产了，丧失了尊严，并逃往威尔士。更糟的是，他的第一任妻子

上图：卡尔顿府的露台彰显了纳西的理念。

负债累累还假装怀孕。12年后他回到伦敦，并迎来了生命中的转折点，英国建筑进程也因此而改变。他再婚了，妻子很快成为威尔士亲王的情妇，因此他与未来的国王建立了"友谊"，这可以说是英国建筑史上"最成功"的公私合作伙伴关系。

摄政王，即后来的乔治四世，贪图享乐、风流成性、沉湎酒色。但他也品位非凡，引领了时尚潮流，可以说是英国皇室最杰出的艺术和建筑赞助人。在他的支持下，纳西从1806年直到去世一直致力于一项令人艳羡的使命——将伦敦这座城市从文艺复兴时期规划凌乱的样子变成大都市，使它配得上它作为当时世界上最大帝国的中心的地位。

纳西计划的核心是"凯旋大道"，这是一条宏伟的帝王之路，最终从白金汉宫延伸到新建造的摄政公园——这是伦敦唯一成功实现的正式、大规模的城市规划。令人惊讶的是，纳西做的规划和我们很熟悉的建筑和公共场所息息相关，

如摄政街、皮卡迪利广场、特拉法加广场、滑铁卢广场、摄政公园、摄政运河、大理石拱门、干草剧院、克拉伦斯宫、卡尔顿府联排和白金汉宫。

白金汉宫是一座建于1703年的巴洛克式豪宅，1761年乔治三世把它买下来当成私人家庭度假胜地。而乔治四世嫌这座宅子不够体面，于是让纳西把它打造成气势恢宏的宫殿。虽然如今的宫殿发生了很大变化，但最重要的部分仍然是纳西的U型布局和富丽堂皇的国家套房，在公众眼中一直是奢华家庭生活的典范。

纳西标志性的、以他赞助人的名字命名的摄政风格，是随着帕拉第奥主义的复兴而在英国建立的乔治亚风格的最后一种变体。这种风格坚持古典形式，但强调精致、优雅和装饰。纳西的建筑是新古典主义的，但他通过运用有趣独特的元素使之柔和，这些元素有圆顶、塔楼、尖顶和雕像，以及在外墙使用的独特粉饰灰泥。与当时另一位英国新古典主义建筑大师约翰·索恩不同，纳西并没有纠结于细节，而是更重视建筑的整体效果。

这一点在他设计的壮观的摄政公园露台（1821—1833）中表现得最为明显。我们看到了纳西对风景如画的浪漫主义的热爱。纳西在威尔士期间曾接触过画意风格运动，这一美学运动本质上要求建筑与自然相结合来创造美，还与主导维多利亚艺术和文学，并复兴哥特式建筑的浪漫主义精神水乳交融。

因此，纳西设计了一座哥特式城堡，将圣詹姆斯公园从正式的巴洛克式花园改造成自然主义的背景，并在布莱顿的英皇阁演绎了一场由洋葱圆顶和尖塔组成的奇幻狂欢，向远东的神秘浪漫主义致敬。鳞次栉比、富丽堂皇的排屋与摄政公园丰富的自然景观相映衬，宏伟的扇形街道中和了沿摄政街的轴线转变，纳西让伦敦最具纪念意义的城市景观与美丽的自然主义布景融为一体，从而使城市变得人性化、戏剧化。

纳西也有反对者，乔治四世不得人心，也使纳西的名声受到了影响。纳西为人和蔼可亲，但有些人说他狡猾虚伪——这很可能是嫉妒他的人对他的诽谤。在他敬爱的赞助人去世后不久，他就身患疾病，五年后在考斯因债务缠身而去世。

在建筑和城市规划领域中，纳西留下的遗产是卓尔不群的，这一点显而易见，并出乎意料地在巴黎得到证明。当拿破仑三世在19世纪30年代流亡伦敦时，他惊叹于摄政公园和西区整齐划一的排屋，深受启发，因此三十年后第二帝国时期的巴黎出现了他和城市规划官员奥斯曼设计的通衢大道。正是因为纳西的远见卓识和实干精神，他才能将一个最没有计划性的都城塑造成一个计划最完备的都城。

下图：布莱顿英皇阁的圆顶和宣礼塔为英国的天际线增添了东方风情。

英国 1753—1837

主要作品
英格兰银行、多维茨画廊、约翰·索恩爵士博物馆

主要风格
新古典主义

上图：约翰·索恩爵士。

约翰·索恩爵士

约翰·索恩和约翰·纳西一样，都是英国新古典主义建筑的杰出人物。

虽然他设计的建筑比纳西少得多，而且他的大部分作品都不幸被拆除，但在历史的评判下，索恩是两者中学术成就更高的那个。他的作品独具匠心，细节一丝不苟，空间布局新颖，装饰简洁流畅，成为新古典主义的重要特征，对现代人也具有独特的吸引力。

索恩在雷丁出生，出身卑微，年轻时当实习建筑师的时候，他接触到当时英国最多产的三位新古典主义建筑师的作品，这三位建筑师是小乔治·单斯、亨利·霍兰德和威廉·钱伯斯勋爵，钱伯斯帮助索恩在1778年获得皇家游学奖学金。在接下来的两年里，索恩和同时代的大多数人一样，游历了意大利的古代遗址，这对他的建筑作品产生了深远的影响。

回国后很长一段时间，他都没有成功接到委托任务，直到18世纪80年代中期才有所改善，当时他改建了许多乡间别墅，逐渐在建筑领域站稳了脚跟。1788年，他时来运转，他在游学时交的朋友——首相威廉·皮特的叔叔——帮他赢得了职业生涯的决定性委托任务：英格兰银行。这个项目他一直做到去

下图：多维茨画廊的正面，其风格具有现代感。

世前不久，也就是大约半个世纪以后。

　　要说欧洲最伟大的新古典主义室内设计，索恩的英格兰银行一定榜上有名。银行由威廉三世于1694年创立，是世界上第一家中央银行。索恩花了毕生精力完全重建了这座建筑，并扩建成我们今天看到的建筑群。一间间圆顶大厅拔地而起，由于整个建筑物占地巨大，每间大厅都采取顶部采光的形式。每个大厅都体现了索恩对简洁的拱门、微妙的采光和精心设计的装饰的巧妙部署，创造了一种素雅但堪称典范的古典室内造型，揭示了明暗、大小、虚实之间复杂的相互作用。

　　20世纪二三十年代，索恩在英格兰银行的大部分设计遭到拆除，以便为现代古典主义建筑师赫伯特·贝克的重建让路，贝克的设计虽然优秀，但有些呆板。不过，值得庆幸的是，索恩对银行的最大扩建项目幸存了下来。标志性的影壁式门廊环绕着大楼，流露出强烈的古典式自信和自制，是宏伟但非常优雅的新古典主义作品。宽广的墙面上没有窗，恰如其分地散发出冷峻的气息，但有规律的开口、粗粝的表面和镶嵌着的一排排爱奥尼亚柱，又给作品增添了生机。索恩的这个杰作成为建筑领域的经典范例，在接下来的150年里被应用于全球无数的银行大楼。

　　从小范围来说，英格兰银行的很多设计在索恩其他作品中也都很明显地体现出来。此外，他的大部分作品风格灵巧，超凡脱俗，体现了他的远见卓识。在他的两处住宅皮特香格庄园（1804）和索恩博物馆（1812），索恩表现出

左图：索恩职业生涯中的标志性作品英格兰银行。

右上图：英格兰银行洛思伯里厅版画。

右下图：索恩博物馆，已捐赠给国家。

对希腊古董的狂热爱好。然而，在多维茨画廊（1815）和伦敦东部的圣约翰教堂（1828），他建造的古典陵墓却不加任何装饰，看上去几乎具有现代感。索恩可能是一个新古典主义派，但对他来说，外观总是比风格更重要。

在建筑插图方面，索恩也是一个非常有远见的人。在职业生涯的大部分时间里，他有幸与伟大的艺术家约瑟夫·甘迪合作，甘迪将他的许多作品描绘得令人陶醉，它们被美丽的田园风光包围，有的即便已经变成废墟也依然能透出浪漫气息。

尽管他很有天赋，但索恩在他漫长一生中大部分时间都在偏执和痛苦中度过，他灰心丧气的原因很可能是因为他在游学归来后长期怀才不遇，以及与他的长子关系恶劣，他的长子当众诽谤他并试图夺取遗产，想要用合法的途径阻止他将索恩博物馆遗赠给国家。但索恩的遗产依然永垂不朽，这不仅来自他捐赠给英国皇家建筑师学会（至今仍然存在）的游学奖学金，而且更因为他不断追求创新，让我们提前领略了现代建筑。

英国 1811—1878

主要作品
圣潘克拉斯火车站、阿尔伯特纪念亭、外交和联邦事务部大楼

主要风格
哥特复兴

上图：乔治·吉尔伯特·斯科特爵士。

乔治·吉尔伯特·斯科特爵士

乔治·吉尔伯特·斯科特可能是世界上第一位全球化建筑师。

斯科特一生设计了800多座建筑，其中大部分在英国，此外他还负责了德国、南非、加拿大、新西兰、中国和印度的一些重大工程。但人们记住他，主要不是因为他心系全球，而是因为他代表了维多利亚时代的一场标志性运动——哥特复兴，并设计了大量哥特复兴式建筑。

斯科特的偶像是境遇悲惨的奥古斯都·韦尔比·普金。普金开始倡导哥特复兴是在1835年，当时他与古典主义建筑师查尔斯·巴里共同设计了新的议会大厦，这是那个年代最权威的新哥特式建筑。哥特复兴自18世纪后期以来就在整个欧洲盛行，尤其在维多利亚时代的英国受到青睐，成为一种文化媒介，用来宣扬宗教信仰、帝国威望，以及一种由中世纪骑士精神所激发的国家情怀。不幸的是，1852年，年仅40岁的普金选择自杀，斯科特成了哥特复兴运动的领军人物，尽管他不愿担此名号。

斯科特的父亲是白金汉郡的一个牧师，家里有13个孩子，家境贫寒。然而，通过坚持不懈的努力，下图：圣潘克拉斯火车站的哥特式尖顶和红砖。

没有受过正规建筑教育的斯科特创办了19世纪中叶维多利亚时代英国最大的建筑公司。他的作品是典型的哥特复兴式风格，大部分是教堂，体现出维多利亚时代对清教美德的坚守和对宗教改革之前的教会精神的追求。

因此，斯科特的宗教建筑几乎都具有中世纪哥特式细节，只要你能想到的都有，例如大量使用尖拱、玫瑰窗、小尖塔、山墙，以及对垂直性的着重强调。但斯科特不满足于此，他力求创新，吸收了维多利亚时代的潮流，例如使用红砖和木长廊，融合了佛兰德斯、拜占庭和佛罗伦萨的新哥特风格，并采用新的施工流程。

由于太过讲究，斯科特的宗教哥特建筑被一些人评价为"冷漠"，虽一丝不苟，却流于僵

上图：1873年之后的伦敦白厅外交部大楼西面，拍摄于圣詹姆斯公园的湖边。

化；虽实用，却不像中世纪哥特建筑（或者说前辈普金的作品）那样对人有精神上的慰藉。他最好的教会建筑当属他改造的西敏寺北耳堂（1880—1890）、爱丁堡圣玛丽大教堂（1874—1879）和汉堡圣尼古拉教堂（1845—1880，一度为世界上最高建筑），这些作品表现出他对哥特风格核心准则的非凡运用。

对于当时一些哥特复兴主义者来说，有一点是充满争议的——斯科特认为哥特式不应只用于宗教建筑。他将这种风格也应用于世俗建筑，创造了一些佳作。其中最好的例子是阿尔伯特纪念亭（1862—1872），它光彩夺目，仿佛一座中世纪神殿出现在维多利亚兴盛期。斯科特的代表作还有格拉斯哥大学主楼（1870）以及

堪称典范的圣潘克拉斯火车站（1868—1873）。

圣潘克拉斯火车站是英国最伟大的维多利亚时代哥特式建筑之一。车站气势恢弘，细节设计带有奢华的中世纪风格，最令人印象深刻的是极致浪漫的屋顶景观，它由尖顶、烟囱和小尖塔构成。斯科特成功重塑了哥特风，缔造了一座梦幻般的现代公共建筑。斯科特对建筑内部的创新包括混凝土地板、防火设施和旋转门。该建筑与斯科特职业生涯的另一杰作——伦敦白厅的外交和联邦事务部大楼（1868—1873）有异曲同工之妙，这座奢华的古典式建筑展示了一位哥特建筑师对风格的灵活运用。斯科特本想将大楼设计成哥特式，但被拒绝，于是他将哥特式方案用于圣潘克拉斯火车站的建

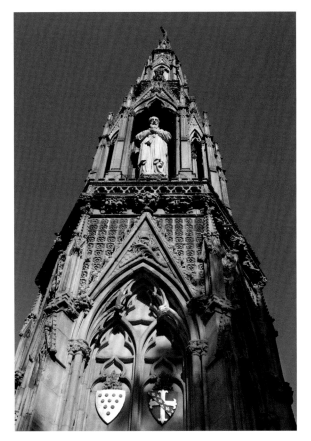

左图：殉道纪念塔仰视图。殉道纪念塔是斯科特于1838—1843年建立的，纪念16世纪的牛津殉道者。

上图：装饰精美的阿尔伯特纪念亭，尖顶具有戏剧表现力，是哥特复兴运动的典型作品。

造，体现了斯科特追求务实，而这正是他功成名就的助力。

斯科特的名声在他去世后依然不朽，因为他开创了改变英国面貌的建筑王朝。他的儿子约翰·奥德里德·斯科特是一位多产的教堂建筑师，孙子吉尔斯·吉尔伯特·斯科特设计了利物浦圣公会大教堂、巴特西发电站、岸边发电厂（现为泰特现代美术馆）、滑铁卢大桥和标志性的 K 系列红色电话亭，曾孙理查德·吉尔伯特·斯科特对伦敦市政厅进行了重大扩建，侄孙女伊丽莎白·斯科特是20世纪中叶最著名的女性建筑师之一。

丹尼尔·伯纳姆

丹尼尔·伯纳姆并不是美国首位伟大建筑师。18世纪末和19世纪初，托马斯·杰斐逊、本杰明·拉特罗布和查尔斯·布芬奇都推动了美国从革命殖民地到独立国家的惊人转变，都在美国首都华盛顿的最高点——国会大厦留下了自己的印记。

美国 1846—1912

主要作品
熨斗大厦、华盛顿联合车站、兰德·麦克纳利大楼

主要风格
布杂艺术

上图：丹尼尔·伯纳姆。

左下图：兰德·麦克纳利大楼设计图。这座大楼于1911年被拆除。

右图：纽约熨斗大厦狭窄的侧面。

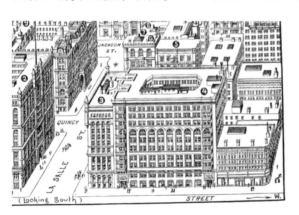

随后，伟大的亨利·霍布森·理查森别出心裁，将美国的建筑风格融入罗马式建筑。但伯纳姆是美国首位开创了美国独有建筑风格的建筑师，而非局限于与欧洲风格尤其是英法风格的融合。伯纳姆毫无疑问是布杂艺术的坚定倡导者，这种艺术风格从19世纪中叶到第一次世界大战期间一直主导着美国建筑。伯纳姆对富有影响力的第一芝加哥建筑学派做出了贡献，对美国几个城市进行了总体规划，获得了美国百货公司的设计专利，也许最引人注目的是，他与其他建筑师合作建造了世界上第一座钢架摩天大楼。因为这些成就，伯纳姆让美国建筑成为一种骄傲、独特的文化力量。

伯纳姆出生于纽约州，8岁时搬到芝加哥。在芝加哥，他先是当了绘图员，但在此之前，他从事过各种各样的职业，包括药剂师、橱窗推销员，他曾去美国西部荒野淘金，并竞选州议员。这样的经历体现了他务实的作风和进取的精神，而这些品质也正是他能成为一名杰出的建筑师的关键因素。他最终在26岁时安定下来，成为一名建筑师。

1873年，伯纳姆和朋友约翰·鲁特一起创

办了一间事务所，在接下来的十年里，这间事务所成为芝加哥学派的代名词。芝加哥学派代表了芝加哥的建筑风格，提倡钢架结构和高层商业建筑，大体上反映了欧洲新兴的现代主义运动。伯纳姆和鲁特在1886年建造了130米高的蒙托克大楼，在1890年建造了140米高的兰德·麦克纳利大楼，在当时创下世界最高钢架摩天大楼的纪录。次年，鲁特因肺炎不幸去世，伯纳姆就成了建筑事务所的负责人，这家事务所也已经是当时美国最大的建筑事务所。

在鲁特去世前的一段时间里，伯纳姆承担了一项可能会决定他职业生涯的委托任务——1893年的世界博览会。世界博览会始于1851年在英国举办的万国工业博览会，而这次在芝加哥的博览会计划成为有史以来最盛大的博览会。伯纳姆设计了宏伟的蓝图：一座座布杂艺术风格的圆顶古典式建筑气势恢宏，楼宇之间大道纵横，绿意盎然，水光潋滟。

这场博览会对美国企业产生了巨大影响，众多美国企业要求在未来数十年内建造具有新古典主义色彩的建筑，但伯纳姆的劲敌、坚定的现代派路易斯·沙利文却没那么大度，他不屑地（而且错误地）预言"世博会造成的破坏最少也要持续半个世纪"。这话包含了对伯纳姆风格的极大偏见，还带有一丝嫉妒的意味，因为他的职业成就从未达到伯纳姆的高度。他试图将伯纳姆描绘成一个古典主义的谄媚者，同时误认为他只会不切实际地空想。因为伯纳姆虽然在恰当的时候追求布杂艺术的审美风格，但总是喜欢在必要时结合各种现代主义的手段，正如他设计的摩天大楼所体现的那样。

伯纳姆后来的许多作品都证明了他的这种习惯。纽约的熨斗大厦（1902）无疑是他设计的最有名的摩天大楼。一座意大利式的高楼大厦从一个狭窄的三角面上拔地而起，看上去岌岌可危，钢架的使用让大楼高达22层，令观者头晕目眩。伯纳姆还将百货公司重塑为现代美国消费主义的象征，在美国和海外（包括1909年伦敦的塞尔福里奇百货公司）设计了数十家布杂风格的大商场，并进行了非常成功的创新，如

左图：华盛顿联合车站气势磅礴的内部设计。

下图：伦敦塞尔弗里奇百货商场是伯纳姆设计的众多布杂风商场之一。

内部中庭和一层的大型店面橱窗——沙利文再次对此不屑一顾，给他贴上了"市侩"的标签。

伯纳姆也是一位多产的城市规划师。他在20世纪为芝加哥、华盛顿特区、旧金山甚至马尼拉制定了城市规划，这些规划旨在建设合理有序的城市景观，体现了城市美化运动的特点，并给未来数十年的城市规划理念带来了深远的影响，有助于推广"限制城市无度扩张"的原则。

安东尼·高迪

历史上，偶尔会出现那种让人捉摸不透的天才建筑师，而且完完全全与众不同、独树一帜。

西班牙 1852—1926

主要作品
圣家堂、米拉之家、古埃尔公园

主要风格
现代主义

上图：安东尼·高迪。

有人认为高迪是加泰罗尼亚现代主义的代表，有人说他倡导西班牙新艺术运动，还有人甚至称他支持维多利亚时代的哥特式、现代巴洛克，或者说得更玄乎一点，有机神秘主义。事实上，高迪的作品包含所有这些流派的元素，但最大的特征是永远匠心独运、标新立异、锋芒毕露。他的作品是加泰罗尼亚人身份的代名词，并为他以之为家、奉之为缪斯的巴塞罗那留下了浓墨重彩的一笔。

安东尼·高迪出生在西班牙东北部加泰罗尼亚的雷乌斯，也可能是附近地区。由于小时候体质虚弱，他一生都疾病缠身。他童年的很长一段时间都在家中的避暑别墅里休息，据说他经常观察树木和风景，一看就是好几个小时，与大自然形成了密切的联系，这也成了他建筑作品的典型特征。后来他进入巴塞罗那建筑学院就读，他天赋异禀，但性格却反复无常。1878年，校长表示高迪的艺术风格另类怪诞，真不知道自己是把学位给了"一个疯子还是一位天才"。

高迪刚入行时，为巴塞罗那的公共场所设计了

上图：圣家堂，高迪未完成的杰作。

精美的新艺术派灯柱和报摊。新艺术运动是一种在全球流行的风格，最先在19世纪80年代的英国发展起来，脱胎于工艺美术运动，只是更加强调"自然"和"有机"的概念，因此这种风格与高迪对自然主义的拥护完美契合。高迪负责的第一项大工程正是体现了新艺术风格。在他为一位巴塞罗那砖瓦制造商设计的房子中，我们第一次看到他坚持个性、离经叛道的创新精神。

文森之家（1883）看起来就像个姜饼屋，这栋别墅色彩缤纷，绚丽夺目，表面铺着瓷砖，一个尖顶凉廊十分醒目，带图案的瓷砖像精心编织的丝带一样点缀着整个房屋。高迪根深蒂固的折中主义在他职业生涯对建筑元素的运用中显而易见，这些元素主要是新艺术风格、摩尔式和大自然，各种色彩、建材、轮廓和图案五花八门，形形色色，相互碰撞，相互交融。

多元风格的丰富组合贯穿高迪的整个职业生涯，他受到哥特式、东方式的影响，晚年还吸收了超自然主义的装饰和形式，比如米拉之家（1906—1912）蜂巢一般的造型和重建的巴特罗之家（1904—1906）。

高迪之后的建筑许多是由他最热情的赞助人、加泰罗尼亚实业家尤西比·古埃尔委托建造的。他为古埃尔设计的建筑堪称杰作。古埃尔公园（1914）和科洛尼亚古埃尔教堂（1898—1914）尤其展示了高迪的自然主义风格和玩世不恭的态度，他在职业生涯巅峰期创造出的充满狂野色彩、有机形式和大胆的抛物线几何形状的结构，如海市蜃楼般梦幻。

除了高迪标志性的自然主义亲和力和风格

折中主义之外，有两个元素主要定义了他的作品：宗教象征主义以及结构和材料的表现力。这两点都在他最伟大的作品圣家堂中达到最佳效果。高迪一生都非常虔诚。74岁时，他在去晚祷的路上被电车撞倒，惨死街头，衣冠不整，面目全非。在整个职业生涯中，他设计了许多小礼拜堂和教堂，但他为之付出最多的还是那座未完工的教堂，他从1883年起一直忙于这座教堂的建造工作。

圣家堂就像是一部虚幻、不合逻辑的作品，但它却能鼓舞人心，就像它的创造者一样，独一无二。它是哥特式和有机风格的结合，有着圆锥形、布满孔洞的塔楼和崎岖如悬崖壁一般的立面。表面看来，它由经过粉刷的粗糙砖石

左图：奇绝瑰丽的古埃尔公园大门。

上图：米拉之家俯视图。米拉之家体现了高迪对巴塞罗那建筑的巨大贡献。

右下图：高迪另一座独具匠心的公寓楼巴特罗之家的窗户细节。

雕刻而成；而在内部，色彩缤纷的细长支柱林立，支撑着雕花的拱顶天花板，就像一个巨大的石窟，别具一格，令人振奋。

　　高迪异想天开的设计也是可以实现的。他花了数年时间完善结构平衡理论，也就是说，结构像一棵树一样独立存在，没有支撑。只要理解了作用在结构上的推力和压力，并相应地操纵几何形状、材料和比例来进行补偿，就可以让结构弯曲、倾斜、起伏、转向，就像在吉他上弹拨琴弦一样。虽然高迪的自然主义还处在萌芽阶段，但它仍然是一种独特的现代风格和富有表现力的结构效用方法。而那座尚未完工的非凡圣殿当然也就成了这位西班牙最伟大建筑师的象征。

美国 1856—1924

主要作品
温赖特大楼、保险大楼、沙利
文中心

主要风格
现代主义

上图：路易斯·亨利·沙利文。

路易斯·亨利·沙利文

沙利文是现代主义的奠基人，被公认为开创了最具美国特色的建筑形式：摩天大楼。

在他的努力下，第一芝加哥学派成为19世纪末、20世纪初建筑和工程创新的发源地，年轻的芝加哥也一跃成为国际名城，被冠以摩天大楼的精神家园的名号，直到1892年，芝加哥对楼高做出限制，这一头衔也就让给了纽约。

沙利文名满天下，还因为他提出了建筑史上的一句名言，同时也是现代主义运动的指导原则："形式追随功能"。不过他并不居功自傲，而是将这一理念归功于维特鲁威。因此，沙利文影响了欧洲和美国的许多现代主义建筑师，其中名气最大的是他的门生弗兰克·劳埃德·赖特。

沙利文从小就是一位建筑神童。他出生在波士顿，父母分别是从爱尔兰和瑞士来的移民。沙利文16岁就进了著名的麻省理工学院。一年后他搬到芝加哥，当时，由于1871年的芝加哥大火，整个城市处在一片建设热潮中，沙利文对此深深着迷。他最终成为阿德勒和沙利文建筑公司的合伙人，他的余生几乎都在为这家公司效力。

伊莱沙·奥的斯于1857年发明客运电梯后，高层建筑的建造从此成为可能，并逐渐成为建筑设计的潮流，也正因此，沙利文致力于高层建筑的设计。19世纪下半叶廉价钢材的出现也至关重要，这促成了一种新型的结构解决方案，在这种解决方案中，内部钢架可以帮助外墙承受建筑物的负荷。

尽管沙利文有"摩天大楼之父"之称，但人们通常认为世界上第一座摩天大楼——1885年的芝加哥家庭保险大楼——归功于威廉·勒巴隆·詹尼。同样，当时芝加哥最高的建筑，蒙托克大厦和麦克纳利大厦（后者是世界上最高的钢架摩天大楼），是由沙利文在芝加哥的劲敌丹尼尔·伯纳姆建造的。

但是在关于摩天大楼的民间故事中，沙利文是主角——不是因为他是第一个建造摩天大楼的人，也不是因为他的摩天大楼是最高的，而是因为他的建筑有力而富有诗意地唤起了摩天大楼设计与生俱来的精神。沙利文的高层建筑，如圣路易斯的温赖特大楼（1891）和布法罗的保险大楼（1896），高耸入云，笔直挺拔，使

下图：密苏里州圣路易斯的温赖特大楼，周围是更加现代化的摩天大楼。

左图：伊利诺伊州芝加哥的沙利文中心。大概拍摄于20世纪20年代。

右图：纽约布法罗的保险大楼，1896年完工。

右下图：保险大楼内的楼梯。

用支柱和不间断的嵌入墙体的隔间，连续延伸到九层或十层，像哥特式尖拱一样夺人眼球，直冲云霄。

由于有了内部钢架，外部立面就不用承担承重的任务，因此沙利文创建了一种新的立面语言，将建筑从历史风格的结构限制中解放出来。他开创了一种更简单、更清晰、更务实的内部（结构）功能的外部表达，正如他的格言所体现的那样。在由此产生的革命性的审美转变中，我们发现了现代主义的种子。

后来受沙利文作品启发的现代主义者对他最大的误解是，沙利文推崇结构和空间的清晰简洁，但拒绝装饰。这种拒绝形成了现代主义的核心原则，并引起很多争议和文化上的不满。这恰恰是因为对沙利文作品的根本性的误解。

沙利文年轻时移居芝加哥后，曾在著名的巴黎美术学院接受培训。虽然他从来都不提倡巴黎风格，但与伯纳姆不同，这种风格确实让沙利文迷上了装饰的力量，他在职业生涯中一直为之着迷。因此，虽然沙利文的建筑经常

表现出一种冷峻的整体风格，但却用各种生动
的材料精心装饰，例如芝加哥罗斯柴尔德大厦
（1881）上精心雕琢的铸铁浮雕，还有爱荷华州
格林内尔的招商国家银行（1914）门口图案神秘
的装饰性漩涡石雕，如果没有这样令人惊叹的
装饰，整个建筑就会显得十分单调。

　　同样，通过将高层建筑垂直堆叠成底部、
中心和顶部的三个体量，并使用微妙的装饰来
区分它们，沙利文实际上模仿了一种典型的结
构和装饰结合体的垂直排列方式，这种结合体
就是古典柱式。和前辈维特鲁威、帕拉第奥一
样，沙利文这位现代主义的创始人具有足够的
先见之明，他深知，要取得进步，继承和拒绝
同样重要。

美国 1867—1959

主要作品
流水别墅、庄臣公司总部、古根海姆博物馆

主要风格
现代主义

上图：弗兰克·劳埃德·赖特。

弗兰克·劳埃德·赖特

弗兰克·劳埃德·赖特是迄今为止最伟大的美国建筑师。

他的职业生涯长达73年，令人称奇。他设计了上千座建筑，超过一半已建成，其中4座位居2000年美国建筑师学会大会公布的20世纪十大建筑之列，其中，流水别墅独占鳌头。他的作品不仅彻底改变了美国建筑，使现代主义成为20世纪的标志性风格，还对欧洲现代主义产生了空前深远的影响，并启发了威廉·杜多克、瓦尔特·格罗皮乌斯和荷兰风格派运动。赖特的名声如此响亮，连流行文化都深受他的影响，这对一位建筑师来说是非比寻常的，他的人生在戏剧、歌剧和歌曲中永垂不朽。

赖特是个天才，一定程度上是因为他既能够吸收现代主义衍生出的众多流派，也能保留明显的美国本土特色，同时还能表现他自己独一无二的风格。他的风格强调与大自然的密切联系、对材料革新的大胆尝试和对几何精确度的不懈追求。赖特心灵手巧，善于创新，古根海姆博物馆（1943—1959）和庄臣公司（1936—1939）这两座造型迥异的未来主义建筑都是由他设计的，而他年轻时还建造过都铎风格和安妮女王风格的房屋。

右上图：流水别墅，被认为是20世纪最伟大的建筑之一。

左图：从另一个角度看绿茵环绕的流水别墅。

赖特是一位现代主义者，他的建筑在功能上具有一丝不苟的明晰性。他年轻时在偶像和早期导师路易斯·沙利文的办公室工作，但他的现代主义却充满温暖和亲密感，并没有回避装饰或天然材料的大量使用，尤其是在他设计的众多房屋的内部。赖特性格倨傲，以桀骜不驯、独断专行著称，一生跌宕起伏——出轨，

离婚两次，有7个孩子，手下一个员工还在他爱荷华州的家中杀害了七个人。

赖特几乎不承认自己受到别人的影响，除了沙利文。不过他确实非常尊重另一位现代主义的传人密斯·凡德罗，他还自称受到日本艺术的启发——这种与日本艺术的联系在他设计的威利茨住宅（1901）和创意非凡的罗比住宅

（1910）中表现明显，这两座建筑都在芝加哥。

赖特是草原学派的先驱，草原学派可以说是与他联系最紧密的现代主义流派，他为此创作了一些他最具标志性的作品。草原学派是工艺美术运动衍生出的美国中西部地区的流派，旨在将美国设计从欧洲的影响中剥离出来，并以本土草原景观为灵感，打造一种新的美国住宅风格。我们可以从赖特的两栋最杰出的房屋中看到草原学派的巅峰，这两栋住宅是罗比住宅和位于宾夕法尼亚州农村的引人入胜的流水别墅（1935）。

这两座建筑轮廓鲜明，构造坚固，屋檐深深悬垂，水平面高低错落。和谐的构图，简约的几何形状，雕塑般的质感，赖特的演绎实属超群，这是他的标志性风格，也让两座建筑看起来惊人地超前于时代。流水别墅像悬臂一样挂在喷涌的瀑布上，水平混凝土板向外射出，仿佛自然地从它背后的岩石峡谷中伸展出来。

赖特在职业生涯中创作出了建筑与自然之间最激动人心的交响乐。

然而，他在威斯康星州设计标志性的庄臣公司总部时彻底改变了策略，草原上的低语为科幻风格的创新所取代。大工作室是他的杰作。一个巨大的开放式办公室里，一根根睡莲浮叶立柱直插到由派莱克斯耐热玻璃管构成的半透明天花板上，这是这种玻璃管第一次以这种方式使用。派莱克斯管在它们与墙壁相遇的地方弯曲，看起来像是立柱在支撑一个发光的天体

轨道。大胆的构造和未来主义的有机风格让这间工作室看上去似乎属于21世纪，而不是20世纪初。

赖特最后一个伟大项目纽约古根海姆博物馆（1959）也一样。八十多岁的赖特从策展人的角度进行设计，将博物馆空间重新定义为一个粉刷成白色的斜坡长廊，包裹在薄薄的混凝土螺旋外壳中，这座建筑同样是有机风格，夺人眼球，前卫程度令人称奇。古根海姆博物馆极具个人色彩，令人心醉神驰，也是赖特精神的绝妙象征——这位天赋异禀、典型的美国开拓者，利用大自然的力量为现代主义赋予了人性。

左图：纽约古根海姆博物馆美丽的曲线。

下图：庄臣公司总部的办公区。

查尔斯·雷尼·麦金托什

查尔斯·雷尼·麦金托什是公认的苏格兰最伟大的建筑师。

英国 1868—1928

主要作品
格拉斯哥艺术学院、希尔住宅、柳茶馆

主要风格
新艺术

上图：查尔斯·雷尼·麦金托什。

他在家乡格拉斯哥仍然受到尊敬：2018年的火灾几乎摧毁了他最著名的作品——格拉斯哥艺术学院，民众悲痛万分。麦金托什的作品深受民众喜爱，部分原因是他的建筑风格显然是独一无二的，并且与艺术创作的整体密切联系。除了建筑物，麦金托什还设计了窗帘、椅子、灯、门把手、窗户、桌子、书架和橱柜，建立了严格的主题一致性，统一了他的建筑风格，他的建筑物具有明显的个人烙印。

麦金托什出生于格拉斯哥的一个中产阶级家庭，是11个孩子中的第4个，但由于当时儿童死亡率极高，他家里仅有7个婴儿存活下来，他就是其中之一。他很早就对建筑产生了兴趣。22岁时，在格拉斯哥艺术学院，他以第二名的成绩获得了学生游学奖学金，这项奖学

左图：苏格兰街头学校博物馆南面装饰，显示了在查尔斯·雷尼·麦金托什的影响下流行的风格。

右图：柳茶馆入口。

金是以著名的格拉斯哥新古典主义建筑师亚历山大·汤姆森（外号"希腊人"）命名的，旨在帮助学生进一步研究古典建筑。

但引起麦金托什兴趣的是更具异国情调的设计。由于格拉斯哥位于克莱德河河口，19世纪时那里工业发达，是著名的造船和航海城市，因此特别容易受到外部世界的影响。对格拉斯哥影响最大的是日本，日本海军于1889年购买了一艘由克莱德造船厂建造的军舰，格拉斯哥与日本的贸易往来也日益增加。

麦金托什很快就被日本艺术内敛、极简的风格所吸引，他的整个职业生涯也深受日本的影响。他一方面吸收了日式风格，一方面坚持新艺术运动的有机自然主义，同时也欣赏苏格兰贵族式建筑的粗锥体和圆弧，兼容并蓄，博采众长，丰富多彩，这就是麦金托什作品的特色。

但他的作品也具有更深奥和神秘的特征：麦金托什独特的个人风格。要判断建筑物尤其是室内设计是否出自他手，通过一系列标志就几乎能一眼辨认出。他用自己喜欢的花卉图案做点缀，装上彩色的玻璃窗，搭起低调的屏风将空间分隔开来；柔和的弧线连接着转角，光线从厚重的深色材料构成的狭缝中透出来，氛围感十足，还有雕刻成装饰镶板一样的高背椅，整体装潢含蓄简约——所有这些都是麦金托什作品的醒目特征。

麦金托什曾就读的格拉斯哥艺术学院在1896年至1909年间由他重建，他的个人风格在这一过程中表现得淋漓尽致。这是麦金托什的

左图：格拉斯哥艺术学院分两个阶段建造，于1909年完工。照片大约拍摄于1992年（在2014年的大火之前）。

上图：格拉斯哥艺术学院入口处的具有象征意义的雕塑。

标志性作品。精妙的非对称石头立面摒弃了布杂风的厚重感，大量运用新艺术风富于律动的元素，如浅拱、狭长窗户、矮小的塔楼和环绕的蜗壳。室内以极简风为主导，各处设施功能实用、有条不紊。在横梁、栏杆、柱子和墙壁上大量使用木材，使建筑物看起来仿佛是一件巨大而温馨的家具。这样的装潢主题在图书馆中达到高潮，极简风的装饰棱角明显是受到日本的影响。这所学院代表了麦金托什职业生涯的巅峰。同期进行的希尔住宅等工程也运用了相同的室内主题，而外观则朴实大气。

麦金托什与他在学生时代认识的妻子有着长久而幸福的婚姻，妻子也是一名艺术家，与他合作了几个项目。后来，由于酗酒和抑郁症的关系，而且对建筑行业大失所望，麦金托什在伦敦去世。20世纪60年代，人们对新艺术风重新燃起了兴趣，虽然现代主义逐渐式微，但人们还是对更温馨、更人性化、更浪漫的现代主义越来越着迷，这也就确保了麦金托什的遗产永垂不朽。

英国 1869—1944

主要作品
和平纪念碑、总督府、米德兰
银行总部

主要风格
现代古典主义

上图：埃德温·勒琴斯爵士。

埃德温·勒琴斯爵士

勒琴斯是20世纪英国最伟大的建筑师之一。他还因跨越英国社会和建筑历史上两大重要时期而闻名。

勒琴斯刚入行时建造的乡村住宅和在殖民地进行的委托任务，包括为新德里所做的宏大的古典式城市规划以及在新德里建造的政府大楼，都体现了英国在鼎盛时期的巨大影响力和信心。在英国，这种信心反映在一座传统民间风格的住宅中，这座建筑展现了英国宁静的田园风光，引发了人们对美好乡村文化的无限遐想。

第一次世界大战给全世界带来了沉重的打击，在那之后，我们看到勒琴斯的创作思路完全改变了，他开始在国内外建造一系列战争纪念碑，虔诚地纪念死者，铭刻英魂。其中最具代表性的是伦敦的和平纪念碑（1920），这座纪念碑静静地矗立着，不加修饰，素雅超然，自有一派肃穆气象，感人肺腑，动人心脾，可以说是英国最具诗意的战争纪念建筑。此外，他设计的伦敦百货公司和酒店、影响深远的米德兰银行建筑群，甚至伦敦佩奇街独一无二的棋盘式公寓（1930），都是他对战后商业和社会新形势的巧妙回应。

在勒琴斯的艺术生涯中，他表现出对各种风格的熟练驾驭，19世纪末他采用当时盛行的工艺美术风格，20世纪初他又以更灵活、更自由、更现代的方式诠释占据主流地位的古典主义和新巴洛克。因此，他的作品也仿佛是聚焦于建筑的动态镜

右图：总督府。印度新德里的元首官邸。

头，透过这个镜头我们可以看到英国乃至全世界政治和社会经济经历颠覆和调整的一个阶段。

在漫长的职业生涯中，勒琴斯成绩斐然，他在职业生涯初期精心打造了一系列工艺美术风格的私人乡间别墅。从1897年萨里郡的果园邸和芒斯特德林宅，到接下来的差不多20幢别墅，再到1911年德文郡令人称奇的中世纪风德罗戈城堡，勒琴斯主要采用都铎式建造了许多田园诗般的房屋，主要借鉴了传统乡村民间风格。房屋在材料和表现形式上富于创新，变化

上图：伦敦米德兰银行总部，现为私人会员俱乐部和餐厅。

多端，并环绕着风景迷人的花园，建筑物与周围的田园风光相映成趣。这样的设计也成为范例，勒琴斯在位于汉普斯特德花园郊区的两座教堂中也对这种设计理念进行了卓有成效的运用（1909—1911）。

　　时过境迁。为了追求更加宏伟的建筑风格，更贴切地反映当时大英帝国至高无上的地位，阿斯顿·韦伯、亨利·兰卡斯特、埃德文·里卡兹等建筑师开创了一种绚丽夺目的全新风格——爱德华巴洛克式，这种风格深受克里斯托弗·雷恩作品的影响。但具有讽刺意味的

是，英国城市尤其是伦敦布局凌乱，规划冗杂，英国在本土打造宏伟城市的目标难以实现，任务艰巨，而在英属殖民地却切实可行。当时英属印度被称为"英国殖民帝国皇冠上的明珠"，1912年，勒琴斯获得了千载难逢的机会，率领一个团队为印度的新首都新德里做城市规划。

　　勒琴斯在新德里的作品堪称英国建筑师在英国以外的地方完成的最宏大、最有创见、最具纪念意义的建筑。勒琴斯以在英国无法想象的巨大规模上进行建设，计划建立一个以该国遗留下来的元首府为中心的庞大的新政府区，

90

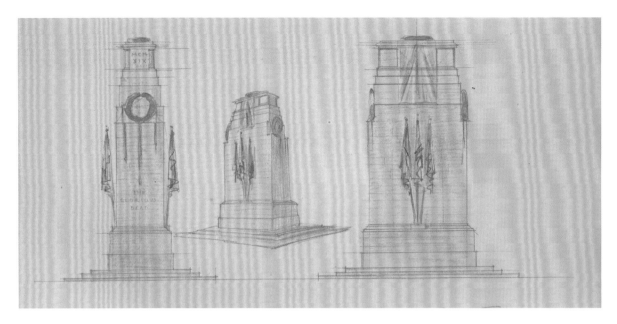

上图：勒琴斯为伦敦西敏区白厅街的和平纪念碑设计的首幅草图。

并在规划面积内建造世界上最大的元首官邸。在总督府（1912—1931，今总统府），勒琴斯建造了一座巍峨的古典寺庙，中间是巨大的庭院，顶部是带有鼓形基座的庞大圆顶，高高地坐落在深凹的中央柱廊上方。如箭矢般笔直的大道向四个方向辐射，通往勒琴斯设计的宏伟的政府楼宇，以及位于府邸周围的纪念性装饰建筑群，包括斋浦尔柱（1930）和印度门（1931）。

这座建筑装饰简约、素雅，融合了新古典主义和新巴洛克风，是克里斯托弗·雷恩的格林威治医院的放大版。然而，在其受佛教启发的圆顶和红砂岩墙中，勒琴斯通过借鉴传统的印度建筑再次表现出明显的乡土同理心。他唯一一个与之规模相近的设计是气势恢宏的利物浦大都会大教堂（1933），可惜只有地下室得以完工。如果全部建成，这座建筑将不仅拥有仅次于圣彼得大教堂的圆顶，而且巧妙融合巴洛克、新古典、罗马式和现代主义，并再次展现勒琴斯对不同风格的熟练驾驭。

上图：阵亡将士纪念日装点着虞美人花的和平纪念碑。

德国　1883—1969

主要作品
德绍的包豪斯校舍、格罗皮乌斯之家、法古斯工厂

主要风格
现代主义

上图：瓦尔特·格罗皮乌斯。

瓦尔特·格罗皮乌斯

　　包豪斯思潮是20世纪最具影响力的现代艺术运动之一，而创立者格罗皮乌斯也成为与密斯·凡德罗、阿尔瓦·阿尔托和勒·柯布西耶等人齐名的现代主义伟大先驱。

　　他以简约而高效的方式运用钢架和玻璃幕墙，同时形成了国际风格，这种样式革新了摩天大楼的设计，也改变了世界各地城市中心的外观和氛围。

　　格罗皮乌斯不会画画是人尽皆知的，但他觉得艺术家和工匠之间没有区别，认为设计是近乎直观的美感、功能实用性和高效工业化批量生产的结合，这样的观点成为他创立的包豪斯教学体系的基础。因此，他的影响力得以远远超出建筑领域，在20世纪大众消费主义发展的背景下，延伸到许多高销量的家庭用品领域，如灯具、桌椅和烟灰缸。通过包豪斯思潮，格罗皮乌斯将他的设计理念转化为20世纪最具辨识度、最令人向往的生活方式品牌之一。

　　格罗皮乌斯出生于一个显赫的普鲁士家庭，他是柏林装饰艺术博物馆设计者的侄子。在慕尼黑和柏林学习建筑后，他与作曲家古斯塔夫·马勒的遗孀结婚。毕业后，他在著名的德国建筑师和设计师彼得·贝伦斯手下工作，这是他建筑生涯中决定性的一段时期，他的同事包括密斯·凡德罗和勒·柯布西耶。后来他离开了贝伦斯，与朋友和今后的包豪斯同仁阿道夫·迈耶创办了自己的事务所。但在创办包豪斯之前，他们在下萨克森州的阿尔费尔德设计了一座小型鞋厂，这是欧洲现代主义建筑风格发展中的里程碑。

下图：马萨诸塞州林肯镇的格罗皮乌斯之家。

上图：法古斯工厂是德国的一家制鞋厂，由卡尔·本赛特委托建造。

右图：德国德绍的包豪斯校舍，以格罗皮乌斯开创的包豪斯运动命名。

　　法古斯工厂（1911—1913）生动形象地体现了早期现代主义的核心理念。这家工厂的设计借鉴了贝伦斯的著名作品——1909年为通用电气公司建造的柏林透平机工厂，两者的理念一脉相承，不过法古斯工厂的结构更加新潮，没有像通用工厂那样用厚重的砖石砌筑，而是采用更加轻盈的玻璃幕墙。玻璃幕墙用细砖柱连接起来，柱子越高越会向后仰、向内收，如同骨架一般支撑着凸现在柱子外的光滑玻璃面，反映出内部结构框架。整个设计秉承路易斯·沙利文提出的著名原则"形式追随功能"。它最大的特色并非整体结构，而是被细分为一个个小型矩形竖框的玻璃面。建筑物立面的重点得到了彻底的转移，线条又十分简洁，由此我们看到所谓的国际风格已经萌芽。

但这并不是格罗皮乌斯一贯的风格。在第一次世界大战期间服完兵役后，他于1919年受邀成为魏玛的萨克森大公工艺美术学院的院长。格罗皮乌斯几乎马上就把校名改为包豪斯（字面意思是"建造房屋"），由此诞生了20世纪最著名的艺术运动之一。该运动基于"整体艺术"的原则（即艺术作品的"整体性"），贝尼尼、雷恩和麦金托什也一直都在思考这一理念。

因此，包豪斯试图将艺术、建筑、平面设计、陶瓷工艺和工业设计结合起来，严格遵循工艺的复杂性、功能的实用性和制造的工业化，达到浑然一体的效果。在美学上，包豪斯式的造型

线条简洁、棱角分明、色彩自然，并遵循结构表现主义，我们从格罗皮乌斯于1925年在德绍设计的包豪斯校舍中可以看到这些元素。这些特征揭示出包豪斯是深深植根于俄罗斯构成主义的，但要说格罗皮乌斯从英国工艺美术运动中受到美学或工艺方面的启发，倒也未必如此。

包豪斯和格罗皮乌斯对我们今天的生活方式有着巨大的影响。包豪斯的视觉风格启发了一代又一代建筑师，这一风格被应用于如张伯伦、鲍威尔与本恩公司设计的伦敦巴比肯屋村（1965—1976），以及20世纪30年代以包豪斯风格设计的特拉维夫白城的4000座建筑。更重要的是，格罗皮乌斯让包豪斯思潮超越了建筑领域，将现代主义风格融入生活中各种产品的设计中，因此人们在日常生活中也对建筑形成了前所未有的亲切感。

下图：格罗皮乌斯设计的独户模型。

德国 / 美国　1886—1969

主要作品
巴塞罗那德国馆、西格拉姆大厦、拉斐特公园

主要风格
现代主义

上图：路德维希·密斯·凡德罗。

路德维希·密斯·凡德罗

　　如果说路易斯·沙利文的传世格言"形式追随功能"体现了早期现代主义的精神，那么密斯·凡德罗的经典之语"大道至简"则是现代主义发展到成熟阶段的概括总结。

　　19世纪90年代，沙利文认为装饰是现代主义理念不可或缺的一部分。但到了20世纪20年代末，密斯为巴塞罗那世博会设计那座开创性的德国馆时，装饰已经悄悄从现代主义运动中消失，取而代之的是密斯渴求的简约、利落的线条。

　　从本质上来说，密斯那句经典的极简主义名言是基于他这样的一种看法：建筑的力量在于简洁。自20世纪30年代以来，密斯从根本上将现代主义理念带到了自己偏好的发展轨迹上，并利用现代主义最具标志性的象征之一——美国摩天大楼——来诠释现代主义，因此他与勒·柯布西耶比肩，成为20世纪欧洲现代主义最伟大的建筑师，也是唯一一位被弗兰克·劳埃德·赖特认定为同时代与自己相媲美的建筑师。

　　然而，出生于德国亚琛的密斯在刚入行时采用的并非现代主义风格，而是新古典主义风格。二十岁出头时，他在德国著名的现代主义建筑师彼得·贝伦斯的事务所当学徒，与瓦尔特·格罗皮乌斯和勒·柯布西耶共事。从那里离开后，他创办了自己的事务所，为德国贵族设计新古

右图：1929年巴塞罗那世博会德国馆。

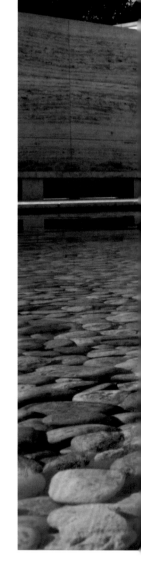

典式的房屋。但第一次世界大战带来的创伤以及他在贝伦斯手下学到的经验让他很快认识到，这类房屋所代表的旧世界秩序已经崩溃。于是，密斯就像着了魔似的不断尝试设计现代主义风格的作品，他希望现代主义最终能成为新世界的代名词，就像新古典主义代表着旧世界一样。

直到他为1929年巴塞罗那世博会设计了一座令人称奇的展馆，他的理想终于变成现实，并迎来了他人生的里程碑。以厚重的砖石为建材并进行精心装饰的新古典主义已经一去不复返了，取而代之的是一个由玻璃和大理石建成的、设计简单的矩形。昂贵奢华的建材，富有

张力的棱角，突出层次感的采光，如雕塑般的造型，精准无缺的细节，整座展馆仿佛一个晶莹剔透的珠宝盒，简单纯粹、素雅高洁。尽管展馆在博览会结束后就被拆除，这栋建筑仍然引起了轰动，现代主义思潮各方争鸣的重点也几乎迅速变成密斯的极简主义。展馆于1986年依原样成功重建，至今仍是密斯漫长职业生涯的亮点之一，也是现代主义史上最重要的建筑之一。

密斯建立起现代主义先驱的名声后，他继续工作，但由于受大萧条和魏玛共和国瓦解的影响，他接到的委托任务越来越少。此外，在应前同事、包豪斯创始人格罗皮乌斯之邀担任包豪斯学院最后一任院长期间，他不断遭到来自纳粹政权的侵扰，因为纳粹反对包豪斯和现代主义所推崇的进步实用主义。因此在1937年，密斯无奈移居美国，不过他却由此开启了职业生涯中硕果累累的阶段。

在现代主义的精神家园芝加哥，密斯成为接下来30年里践行国际风格的先锋。国际风格是现代主义的一个主要分支，它强调鲜明的直线形式、清晰的空间和平坦的表面，几乎完全依赖钢筋、混凝土和玻璃这类核心工业材料，完全不加装饰——简而言之，这种建筑风格和密斯的巴塞罗那德国馆所展现出的极简主义如出一辙。

密斯将这种风格应用于美国和其他国家的许多建筑物，其中几座是摩天大楼，提到这些摩天大楼，人们就会想到密斯和国际风格。最著名的也许是标志性的纽约西格拉姆大厦，1958年建成，共38层，高157米。密斯认为，将内部结构框架显露出来可以弥补装饰的缺乏，于是他在外部立面上模拟了内部结构（由于消防规范而无法暴露），摩天大楼像被包裹在玻璃幕墙中，轮廓分明的镀铜非承重钢梁将玻璃分隔成网格状。

左图：纽约高耸入云的西格拉姆大厦。

上图：1974年密歇根底特律的拉斐特公园中的一幢两层楼，从停车场看到的外观。

右下图：德国馆内部。在巴塞罗那世博会结束后，德国馆得到了复原。

西格拉姆大厦的立面样式为未来半个世纪世界各地城市中心的高层商业建筑树立了典范，很少有摩天大楼能与之媲美，但西格拉姆模板如果只是毫无感情地借用，也会让造型流于单调平庸，这也使现代主义遭到抵制，在20世纪70年代不可避免地衰落。但在密斯杰作纯粹的形态和至简的神韵中，我们一定会体悟到他另一句名言"细节决定成败"中蕴含的匠心。

威廉·杜多克

**威廉·马里努斯·杜多克
通常被视为荷兰现代主义之父。**

荷兰 1884—1974

主要作品
希尔弗瑟姆市政厅、冯德尔学校、女王百货公司

主要风格
现代主义

上图：威廉·杜多克。

下图：夜幕下的希尔弗瑟姆市政厅。

杜多克是北荷兰省希尔弗瑟姆镇的市政建筑师，因此他获得了设计镇里所有市政建筑的大好机会。三十年里他成就卓越，建造了25座房屋、17所学校、两个墓地、一个屠宰场、一个抽水站以及一系列体育和娱乐建筑、浴室和桥梁。这75座建筑共同构成了世界上最完整、最连贯的现代主

下图：白天的希尔弗瑟姆市政厅。

左图：杜多克为希尔弗瑟姆的工薪家庭建造的保障性住房。

右图：鹿特丹的女王百货商店，在第二次世界大战中被炸毁。

义建筑和城市规划综合体之一。他最伟大的建筑是希尔弗瑟姆宏伟的市政厅——一个令人叹为观止的现代主义杰作，他巧妙融合规模、建材、几何构造和自然等元素，使建筑达到永恒和谐的效果。

杜多克最初是想从军的，但在布雷达的军事学院学习土木工程并为荷兰军队设计军事设施后，他对建筑产生了兴趣。于是他开始钻研建筑，在1913年被任命为莱顿公共工程的副总监。两年后他晋升为希尔弗瑟姆公共工程总监，仕途顺利，最终在1928年被任命为希尔弗瑟姆市政建筑师，承担了城市大规模扩建的任务。

杜多克在公共工程方面经验颇丰，他的作品也表现出个人特色和影响力，在希尔弗瑟姆的一系列创作中，他的个人风格已经趋于成熟。他深受荷兰早期现代主义中阿姆斯特丹学派和风格派的影响。阿姆斯特丹学派主要运用砖块来创造动态的表现主义形式，并将建筑物的内部与外部融合起来。风格派试图创造出简化、抽象的几何

形式，强调棱角分明，色彩鲜明却单一。

杜多克在希尔弗瑟姆设计的作品明显表现出这两种设计理念。他的建筑大部分是用砖块建造的。他倡导风格派时，通常忽略阿姆斯特丹学派对弧线的注重，而在他建造的冯德尔学校等建筑表面，他愿意运用清晰的水平和垂直线条来创造富有表现力的几何形式。

包豪斯学派也深深影响了他，鹿特丹的女王百货公司（1930）最生动地体现了这一点，虽然这栋建筑在第二次世界大战中不幸被炸毁。女王百货公司坚实的砖砌表面镶嵌着半透明的玻璃壳，整座建筑如同一艘巨大的远洋班轮，暗示了更有趣的"装饰艺术"风。

多种风格在希尔弗瑟姆市政厅被他运用得出神入化。大楼用砖石砌成，不同宽度和高度的长方体交织在一起，错落有致，相映成趣，整个画面动感十足，富有张力，最终在直冲云霄的48米塔楼中达到高潮。这也是希尔弗瑟姆最高的建筑。

这座建筑如精雕细刻一般，令人无比震撼，薄薄的窗户切入外壳，翅片、扶壁和切面是垂直的，与水平悬挂的简洁屋顶轮廓形成鲜明对比。变化多端的构图由一种强烈的平衡与和谐感维系在一起，鲜明棱角的张力为理性的几何秩序所中和。

市政厅利落的线条很大程度上归功于弗兰克·劳埃德·赖特，他的作品极大地启发了杜多克。而建筑和风景微妙融合，建筑的一侧直接从湖中露出，则是受到埃比尼泽·霍华德田园城市理念的影响，这也是杜多克在希尔弗瑟姆不断引入的主题。因此，除了希尔弗瑟姆的杰出建筑群和宏伟的市政厅外，杜多克给我们留下的精神遗产，是让我们从他受到多元影响的经历中认识到，无论是现代主义还是整个建筑艺术，风格从来都是多姿多彩的。

勒·柯布西耶

角质框眼镜和丝绸领结是勒·柯布西耶的标志性装束。他不仅是现代建筑运动的旗手，还是20世纪最知名的人物之一。

瑞士 / 法国　1887—1965

主要作品
萨伏伊别墅、马赛公寓、印度昌迪加尔议会大厦

主要风格
现代主义

上图：勒·柯布西耶。

下图：萨伏伊别墅，体现了勒·柯布西耶的"新建筑五点"。

他作品中富有表现力的雕塑感和极其严格的功能主义永远终结了浪漫的装饰，树立了典范，指导了现代主义在20世纪中叶的发展，也启发了之后的粗野主义风格。由于他对各种类型的混凝土都无比推崇，因此混凝土也就成了现代主义的标志性建材，而现代主义运动和这种今天仍在使用的材料之间也形成了一种前所未有的紧密联系。勒·柯布西耶还是城市规划师，他重视住宅

下图：印度昌迪加尔的甘地纪念堂。

设计中技术的使用，在城市规划中强调有机组织，他提倡的城市住宅再开发理论对全球城镇建设产生了巨大影响。

然而，即使在今天，勒·柯布西耶仍然是一个极具争议性的人物。众所周知，他称房屋为"用来居住的机器"，虽然这句话明显迎合了他本人和现代主义运动所追捧的功能至上、效率至上，但实际上剥夺了房屋（还有住户，以及所在的城市）的人性。在这种冷酷表述的影响下，20世纪六七十年代机械地建造大批公共住房就变得更加容易，这些塔楼所代表的极权主义给社会带来了毁灭性的后果，如今它们仍存在于世界各地，成为最终衰落的现代主义的象征。

勒·柯布西耶最初爱好哲学、艺术和写作。1920年他在巴黎创立了一个期刊，在写稿时，他深深迷上了当时巴黎前卫派偏好的起名潮流，放弃了本名夏尔－爱德华·让纳雷，起了勒·柯布西耶这样一个有点反传统意思的名字。20世纪一二十年代，勒·柯布西耶花了很久设计了一些建筑作品，主要用在私人住宅上。但直到1928年，他才获得决定他职业生涯的任务：位于巴黎西北部的萨伏伊别墅。

这座别墅体现了勒·柯布西耶的"新建筑五点"。在20世纪20年代，他一直通过各种书籍和文章来发展他的这项理论。别墅由细柱支撑，横向长窗便于采光通风，灵活的内部空间不设承重墙，立面完全不受结构限制，顶部还有一个充当花园的功能性屋顶。另外还有一大特色严格说来不属于"五点"，那就是整个建筑看起来像一个朴实无华的白色混凝土盒子，而这一点将演变为他的标志性形式。萨伏伊别墅对现代主义及其衍生出的国际风格产生了巨大影响，它体现的建筑原则将在接下来半个世纪里成为现代主义理论的基础。

在接下来四十年的大部分时间里，勒·柯布西耶建造了一系列开创性的现代建筑，这些建筑彻底改变了世界各地的城市和建筑艺术。20世纪50年代可以说是他创作的高峰期，他设计了许多令人惊叹的、超凡脱俗的宗教建筑，最著名的是法国东部造型奇特的朗香教堂（1955），顶部状似蘑菇，是他职业生涯中最异想天开的有机建筑之一。20世纪50年代，他还与才华横溢的巴西年轻建筑师奥斯卡·尼迈耶合作设计了纽约标志性的联合国总部（1952），为20世纪世界各地高层建筑的裙房和楼板设计树立了典范。同期他还受邀设计印度新兴城市昌迪加尔，他精心打造了一系列现代主义的市政建筑，这些建筑是现代主义建筑和城市理论最完整、规模最大的案例之一。

在评估勒·柯布西耶遗产的价值时，可以看到他的城市和住宅规划理论是有争议的。毫无疑问，他热切希望能改革19世纪遗留下来的过度拥挤的城市贫民窟。然而，事与愿违才是常态。20世纪20年代，他希望建造一系列功能主义的城市建筑，实际上是为未来的乌托邦城市打基础，但最终未能建成。他著名的马赛公寓（1952）表现出压迫性的规模和结构，可以看出勒·柯布西耶试图将人性变得机械化、自动化，而这样的追求最终只能是徒劳的。他因努力将理性带入一个无序的世界而受到褒扬。但在20世纪中期的住宅建设和城市化过程中，他宣称机器凌驾于人之上，在不经意间招致了一种毫无人情味的虚无主义，他原本是想治愈这个世界，结果却给这个世界带来了巨大的伤害。

左图：马赛公寓休闲区的屋顶，旁边有幼儿园和儿童游泳池。

下图：1955年完工的朗香教堂。

保罗·R.威廉姆斯

和谐统一、富有人性是建筑的本意，或至少应当如此。所以，如果这种善意碰上了冷酷无情的种族隔离和偏见，自然会让人感到震惊难过。

美国 1894—1980

主要作品
洛杉矶国际机场主题建筑、拉斯维加斯守护天使教堂、艾德艾斯特拉庄园

主要风格
现代主义

上图：保罗·R.威廉姆斯。

政治迫害严重，民权斗争不断，非裔美国建筑师保罗·R.威廉姆斯对那个年代的社会冲突再熟悉不过了。由于白人客户不愿意坐在一个黑人建筑师身边，他就逼着自己学会倒着绘图，这样就能坐在客户对面，同时让客户看到画面。考察现场的时候，如果白

右图：凯伦·哈德森在她洛杉矶家中的客厅。这幢房屋是她去世的祖父保罗·R.威廉姆斯设计的。

下图：洛杉矶国际机场标志性的主题建筑的圆顶。

人同事不愿意和他握手，他就把手背在背后。他的这种抗争方式，并不是在突然爆发的种族暴力中形成的，而是因为职业生涯的大部分时间里他都在荒唐不公的社会乱象下被迫默默忍受煎熬。

不过，威廉姆斯故事的主旋律是胜利而非压迫。1923年，年仅29岁的他成为美国建筑师协会（AIA）的首位非裔美国成员，34年后，他成为首个入选AIA著名的院士团的黑人建筑师。在长达半个多世纪的职业生涯中，威廉姆斯开拓进取，设计了2500多座建筑，其中许多都位于他的家乡洛杉矶，这座城市独一无二的风貌、丰富多彩的建筑文化就是由他塑造的。他的作品中有许多是好莱坞黄金时代明星的豪华住宅，聘请他设计私宅的银幕巨星之多令人惊叹。加里·格兰特、弗兰克·辛纳屈、芭芭

拉·斯坦威克、露西尔·鲍尔和比尔·考斯比，等等。而在如今的好莱坞，丹泽尔·华盛顿、安迪·加西亚和艾伦·德杰尼勒斯也在威廉姆斯设计的房子里住过。

威廉姆斯也设计过公共建筑，包括洛杉矶及其他地区的一些市政建筑和公共住房项目。他为人慷慨大方，曾为自己的朋友、喜剧演员丹尼·托马斯免费设计了孟菲斯的圣裘德儿童研究医院（1962），唯一的条件是要为他保密。威廉姆斯还设计了洛杉矶最著名的建筑之一——洛杉矶国际机场标志性的主题建筑（1961）。盘旋上空的穹顶筋骨分明，未来主义波普艺术风令人称奇，这座建筑已成为洛杉矶的地标和全球机场设计的不朽象征，还体现了20世纪60年代席卷美国的太空时代中人们对探索太空的兴奋激动之情，有时也被归为古奇建

上图：拉斯维加斯现代主义风格的守护天使教堂。

右图：拉斯维加斯拉孔查汽车旅馆独特的造型。

筑一类。

威廉姆斯出身卑微，从小饱尝艰辛，并努力谋生。父母在他四岁时就因肺结核去世，之后他由家族的一个朋友抚养长大。也许是因为他小时候没有稳定的家，所以他才渴望为别人设计理想家园。虽然家人和朋友都劝阻他，但为了实现梦想，他还是在1921年成为密西西比河以西第一位获得认证的黑人建筑师。

令人惊叹的是，三年后，他成立了自己的工作室，接下来几十年里，他在好莱坞和比弗利山庄设计了奢华的豪宅。他设计的非凡之处在于住宅的多功能性，他可以熟练驾驭任何一种风格，包括英国都铎式、法式城堡风、西班牙别墅风、摄政风格、殖民风格、装饰艺术等。这些丰富多彩的作品的共通之处，是威廉姆斯对加州风土人情与生俱来的领悟，并将之巧妙地建成了可供心灵栖居的住所。不出所料，他的建筑也成为魅力的象征，他对旋转楼梯的使用成了他标志性的艺术特色。

具有讽刺意味的是，在他一生中的大部分时间里，他因肤色而无法生活在许多他设计过豪宅的居住区中。但他从来没有被这些偏见吓倒，而是化为动力，去努力取得更大的成就。他面对压迫坚韧不拔的精神使他成为20世纪建筑界最励志的人物之一，他的心路历程也可以用他说的这句话来概括："我是一个黑人，如果我因此而失去了奋斗的意志，那么毫无疑问，我一定会养成被打败的习惯。"

美国 1901—1974

主要作品
索尔克研究所、菲利普·埃克塞特学院图书馆、耶鲁大学美术馆

主要风格
现代主义

上图：路易斯·康。

路易斯·康

我们在现代主义和中世纪主义这两种建筑风格中几乎发现不了什么共同之处，但在路易斯·康精妙绝伦的设计下，两种风格相互融合，新奇独特，如梦似幻，孕育出一些在20世纪极具影响力且倍受赞誉的建筑。

上图：圣地亚哥的索尔克研究所呈现出对称美。

康大器晚成，50多岁时才崭露头角。当时国际风格风靡一时，康最初就是采用这种风格。然而，真正让他感兴趣的不是国际风格的玻璃面和钢架，而是两个更古老、更深奥的建筑传统。

出生在爱沙尼亚一个赤贫的犹太家庭，康连铅笔都买不起，无法尽情发挥自己的绘画天赋。康五岁时移民美国，在宾夕法尼亚大学学习建筑时表现出色。不过在职业生涯的两个关键点，他回到家乡欧洲进行游学，这对他后来的工作产生了重大影响。先是在1928年，年轻的康深深迷上了围墙环绕的中世纪苏格兰城堡和法国的要塞城市，如壮观

的卡尔卡松。然后在1950年，他游历意大利、希腊和埃及，为充满诗情画意的古代建筑所倾倒，尤其是那些具有浪漫色彩的遗迹。

两次游历都帮助康确立了自己无与伦比的风格，从1951年起，我们开始在他的作品中看到这种风格。国际风格试图表现轻盈、通透之感，但康却相反，他会在雄浑的承重石块上挖出巨大的几何形状的洞口，在当时别具一格。康很愿意打破当时流行的现代主义信条"形式追随功能"，他创造出具有厚重外壳的玄妙形式，从建筑外观难以看出其内部构造。

康的作品总是有一种直击灵魂的力量。他运用精确的几何原理设计了一系列构图精妙的校园建筑，这些建筑似乎流露出一种历史的沧

桑感。康的建筑物表面由朴实无华的砖块或混凝土构成，他喜欢称之为"废墟重生"。甚至有这样一个传闻，1971年孟加拉国独立战争正处激烈之际，正在建设中的孟加拉国达卡国民议会大厦被轰炸机误认为是古代遗迹，从而幸免于难。

1981年完工的达卡国民议会大厦是最能体现康特立独行的作品之一。它看起来是那么神圣伟岸，像是从湖中升起，环绕四周的湖水如同护城河，入口处是固定的吊桥。整座建筑看起来就像一座宏伟的中世纪堡垒，冰冷坚硬的墙壁上仿佛有一位隐形的天神正在挥洒激情，雕刻着一个个几何符号。康的另一个杰作索尔克研究所（1959—1965）位于酷热的圣地亚哥

上图：孟加拉国达卡国民议会大厦被护城河般的水域环绕。

下图：菲利普斯埃克塞特学院图书馆是康典型的红砖城堡式建筑。

海岸，它的造型没有那么异乎寻常，但保持了同样精确的几何比例，并且体现出更强烈的超自然力量。这座建筑完美对称，两边是坚固的混凝土塔楼，中间的低地上是一方古拙的庭院，涓涓细流潺潺而过，而庭院像是从地面升起的一座圣坛。这精心设计的场面仿佛一场虔诚的祭祀仪式，献给水流所通往的海洋。

和他的建筑艺术一样，康的生活也不同于普罗大众，充满了传奇色彩。康长得矮小，三岁时他不小心被炉火烧伤，脸上留下了伤疤。他晚年的标志性装束是戴着软塌塌的领结，留着明显的遮秃发型来掩盖他日益严重的秃顶。他的私生活很复杂：虽然比44岁就去世的妻子活得长，但他和三个不同的女人分别生了三个孩子；其中一个孩子在2003年广受好评的电影《我的建筑师》中回顾了他父亲令人唏嘘的一生。康晚景凄凉，负债累累的他在纽约宾夕法尼亚车站的厕所里因心脏病发作身亡，两天后才被人发现。他打破常规的一生也以这种非正常的方式画上了句号。

下图：耶鲁大学艺术画廊的旋转楼梯。

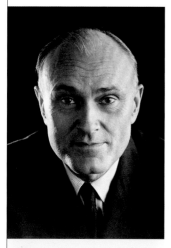

美国 1906—2005

主要作品
麦迪逊大道550号、水晶大教堂、欧洲之门双子塔

主要风格
现代主义 / 后现代主义

上图：菲利普·约翰逊。

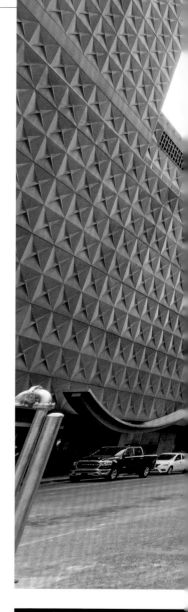

菲利普·约翰逊

对于一位活了将近100岁、职业生涯长达70年、驾驭了多种建筑风格的建筑师来说，以善变著称，或许也是可以理解的。

在职业生涯的第一阶段，他是现代主义的坚定拥护者，创作了许多纯粹的现代主义作品，其中最著名的是他为自己设计的玻璃屋（1949），还协助他伟大的竞争对手、启蒙导师密斯·凡德罗设计了影响深远的西格拉姆大厦（1958）。

在20世纪六七十年代，约翰逊恪守现代主义理念，设计了明尼阿波利斯的投资者综合服务中心大厦（1973）和休斯敦的潘索尔大厦（1976），这两座摩天大楼用的都是当时流行的玻璃幕墙。他还建造了具有混凝土裙楼结构的华盛顿圣安瑟姆修道院（1960）和德国比勒费尔德美术馆（1968）。但约翰逊具有敏锐的文化意识，而且与同时代那些较为死板的现代派不同，到了20世纪70年代，他就已经意识到，公众对现代主义的幻想已经破灭，社会专制主义难以为继，现代主义终于要落幕了。

所以他摇身一变，加入接替现代主义的后现代主义的行列。后现代主义是与约翰逊最密切相

右上图：达拉斯感恩节广场公园，其正中有一个螺旋形教堂。

右图：教堂内部螺旋形的彩色玻璃窗。

最右图：康涅狄格州新迦南镇的玻璃房。

关的风格，他也是该运动的主要先驱之一。他首个后现代风建筑奠定了他接下来作品的基础。达拉斯感恩节广场的感恩节教堂（1977）造型奇特抽象，呈螺旋形，表面被粉刷成白色，虽然不加任何装饰，却以一种诙谐的方式让人联想起传统的伊斯兰教宣礼塔的螺旋柱子。

即使在他的现代主义作品中，约翰逊对传统的致敬也一直有迹可循。而且在他以前设计的一些建筑的平面图和结构中也有古典主义的痕迹。尽管这是现代主义难以容忍的一种联系，却是后现代主义所推崇的，虽然这种做法离经叛道、标新立异。在接下来二十年里，约翰逊与约翰·伯奇合作，在国际上主导了这种风格，并用它创造出了著名的作品。其中包括平面为椭圆形的纽约口红大厦（1986），匹兹堡PPG大厦的金色尖顶哥特式摩天大楼（1984年），还有可容纳3000人的中世纪风巨型教堂——加利福尼亚的水晶大教堂（1980—1990），它是当时世界上最大的玻璃建筑。对于这座教堂，约翰逊以他惯有的冷幽默打趣道："要是舍不得花供暖费，那就别造玻璃房子。"

约翰逊还设计了可能是他最著名的建筑——麦迪逊大道550号，原名电话与电报公司大厦（1982），他在设计时加入了一些小变化。它本来是一座新古典主义的圣堂，竟然被约翰逊改造成一座37层、200米高的石头摩天大楼，建筑下方是一个巨大的八层古典拱门，顶部是一个巨大的断裂的山墙。这种明目张胆的装饰和结构上的虚伪对现代主义来说是一种诅咒，但这座建筑发挥了巨大的文化影响力。虽然它不是第一座后现代建筑，但它让这种风格深受客户和国际舞台的欢迎。它还展示了约翰逊对新古典主义和新哥特式的日益关注，其中新古典主义在受罗马影响的休斯敦大学海因斯建筑学院（1985）的建造过程中再次成为主角。

最左图：纽约市曼哈顿区麦迪逊大道550号。

左图：加利福尼亚州橙县的水晶大教堂。

右图：纽约市口红大厦。

在20世纪90年代，当后现代主义开始失宠，约翰逊已经八十多岁时，他通过尝试解构主义理论再次实现蜕变。他设计的马德里的欧洲之门双子塔（1996）交叉支撑斜坡看起来摇摇欲坠，他为1949年的玻璃屋设计的访客中心（1995）被称为"怪物"，五颜六色，造型不规则、不对称，从中我们看到约翰逊深受弗兰克·盖里和丹尼尔·里伯斯金等人的影响，并运用了更大胆的表现主义形式。

虽然有些人批评约翰逊在风格上的"见异思迁"证明他为人不专一，但他们误解了这样一个事实，约翰逊和弗兰克·劳埃德·赖特一样，一生投身于重塑美国的事业，在建筑界一直保持着举足轻重的地位，寿命也长得惊人。正如帕拉第奥那样，他借鉴了很多，但也创造了很多。约翰逊最喜欢的一句话来自他曾经的偶像密斯，这句话对他来说再合适不过了："原创不原创无所谓，优秀即正义。"

巴西 1907—2012

主要作品
巴西国会大厦、尼泰罗伊当代
艺术博物馆、巴西利亚大教堂

主要风格
现代主义

上图：奥斯卡·尼迈耶。

奥斯卡·尼迈耶

建筑师独自从零开始规划设计一座城市，这样的情况实属罕见。

    雷恩对伦敦的改造计划以失败而告终。奥斯曼虽为官员，而非建筑师，但他却以成功规划巴黎而闻名。勒琴斯、杜多克和勒·柯布西耶也分别成功规划了新德里、希尔弗瑟姆和昌迪加尔。但所有这些城市要么在建筑师标志性的改造之前就已经存在，要么只有部分区域是按照一位建筑师的总体规划而改建的。难得的是，巴西利亚这座都城完全是从零开始规划的，而且仅凭一位建筑师包罗万象的设计愿景而建造起来。

上图：巴西国会大厦。

左图：夜色中动人心魄的巴西利亚大教堂。

　　这位建筑师就是奥斯卡·尼迈耶，他是公认的20世纪最伟大的拉丁美洲建筑师。在巴西利亚，他设计的气势恢宏的现代建筑令人惊叹，一系列白色的整体结构具有开创性的意义，这样的结构体现了现代主义精神的纯洁性和活力，罕见地在如此巨大的规模上呈现出震撼人心的整体流动性和抽象性。

　　尼迈耶为了实现这一目标，对钢筋混凝土可塑性不断进行试验。他将混凝土的结构和工程界限推向了未来主义、超表现力、拟人化雕塑的水平，这对后来的建筑师，如圣地亚哥·卡拉特拉瓦、让·努维尔和阿曼达·莱维特产生了巨大影响。这种影响在他漫长的职业生涯中一直存在：尼迈耶的最后一座建筑是帕拉伊巴大众艺术博物馆的镜像圆形大厅（2012），当时他已经超过100岁。他在距离105

岁生日还有一周左右的时候离世。

尼迈耶出生在里约热内卢一个中产阶级家庭，有着葡萄牙和德国血统。他的青年时期自由散漫，无拘无束。但后来他开始走上"正轨"。他于1934年从里约热内卢国立美术学院毕业，然后说服巴西现代主义建筑大师和城市规划师卢西奥·科斯塔雇用他。两年后，他说服科斯塔请他的偶像勒·柯布西耶担任科斯塔赢得的新教育和卫生部大楼委托任务的顾问。这座建筑于1943年完工，有15层高，最终由尼迈耶领导的团队设计，成为世界上第一座现代主义的政府部门摩天大楼，对巴西和整个拉丁美洲的现代主义发展产生了巨大影响。大楼有着底层架空柱和严格规划的混凝土围护结构，显示出尼迈耶早期的作品是深受勒·柯布西耶影响的。

巴西利亚的建设完成后，尼迈耶在接下来的工作中延续了他的风格。他再次与勒·柯布西耶等人合作，在纽约建造了气势恢宏的联合国总部（1952），他的职业生涯也再次达到顶峰。在帘幕一般的混凝土裙楼中，我们看到了后来成为尼迈耶的标志的主题：曲线。尼迈耶称，他为"自由流动、赏心悦目的曲线"所吸引，曲线使他想起了他家乡的自然风光和地貌。

右图：奥斯卡·尼迈耶博物馆，也被世人称为"尼迈耶之眼"。

下图：圣保罗的科潘大厦。

他用曲线来使建筑温柔、富有人性，赋予建筑一种天然的感染力，这就体现了他和勒·柯布西耶的不同。在他漫长的职业生涯中，曲线经

常出现在他设计的建筑中，包括巴西东南部阿西西的圣弗朗西斯教堂（1943）、圣保罗的科潘大厦（1960）等。其中最独特的是库里蒂巴的奥斯卡·尼迈耶博物馆（2002），它像一只张开的眼睛，体现了自然主义和超现实的风格。

曲线最令人印象深刻的运用体现在尼迈耶职业生涯的决定性委托任务上——建造巴西利亚。当时，尼迈耶的前老板科斯塔是首席城市规划师，在1956年至1960年间短短41个月内，尼迈耶将巴西的新首都建造成一座大气磅礴的现代派大都市，井然有序、新潮前卫。在他设计的市政、商业和住宅建筑中，最著名的有三座。一是总统府，如飘动风帆一般的支柱组成美轮美奂的柱廊；二是巴西利亚大教堂，一根根弯曲支柱构成的双曲面如花朵般盛开；三是巴西国会大厦，这也许是最著名的。并肩而立的两座高楼，正放和倒扣的碗形屋顶，体现了国会大厦的庄严肃穆。所有这些建筑都充分说明，尼迈耶从朴素的几何图形中汲取力量，师法自然，以巧夺天工的技艺打造出精妙绝伦的建筑，并让现代主义建筑充满人情味。

上图：环球航空酒店。

左图：约翰·肯尼迪机场环球航空酒店内部。

芬兰 / 美国 1910—1961

主要作品
环球航空酒店、华盛顿杜勒斯国际机场、圣路易斯拱门

主要风格
现代主义

上图：埃罗·沙里宁。

埃罗·沙里宁

埃罗·沙里宁是20世纪美国最伟大的建筑师之一。

作为广受赞誉的工业设计师，他与知名家具设计师查尔斯·伊姆斯和业界龙头诺尔家具公司（由他家族的一个朋友创办）合作，设计了许多著名家具，其中他在1956年设计的流线型、可旋转的郁金香椅，将现代主义理念巧妙应用于消费主义生活方式，是20世纪中叶的标志性设计。

在建筑领域，沙里宁的知名作品是那

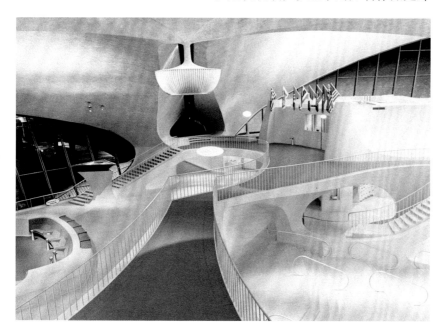

些将未来主义表现得淋漓尽致的机场。航空业飞速拓展到大众消费市场之际，他的机场重新定义了航空业。他建造的三大航站楼——华盛顿杜勒斯机场航站楼、纽约约翰肯尼迪机场的环球航空飞行中心（现为环球航空酒店）和雅典埃利尼康国际机场东航站楼——给20世纪60年代这一美国民航业的黄金时代锦上添花，正如19世纪和20世纪初雄伟壮观的火车站为铁路的黄金时代增添了迷人的色彩那样，令人心驰神往。美国著名后现代主义建筑师罗伯特·斯特恩准确地将环球航空航站楼称为"喷气机时代的'中央火车站'"。

和保罗·R.威廉姆斯在洛杉矶国际机场建造的主题建筑一样，杜勒斯机场航站楼和环球航空航站楼可以说是世界上最著名的现代主义

机场。两者都在1962年开业，那是沙里宁因脑瘤去世后的一年，那年他也被追认为当时最具戏剧创造力的现代主义建筑师之一。虽然杜勒斯机场航站楼显然是两者之中较为中规中矩的一个，但它仍然令人叹为观止，俯冲而下的弧形屋顶由壮观的倾斜柱廊高高托起，柱廊由巨大的锥形柱构成，以建筑形式展现飞行的美感，堪称现代建筑中最美轮美奂的建筑之一。内部，实心混凝土屋顶像下垂板一样向内浇筑，倾斜支柱之间的空间用光滑的玻璃填充，高耸入云，流光溢彩，这样戏剧性的对比营造出一种超凡脱俗的空间奇观。

建造环球航空航站楼时，沙里宁再次试图将飞行的动态画面定格，这一次是以动物形态为造型，更加玄妙。大面积的轻薄混凝土外壳

形成了弯曲的屋顶，由张开的叉骨支柱支撑，整个造型看起来像是一只蹲伏的鸟，振翅欲飞。在曲面的阳台、拱顶和柱子组成的空旷内部，沙里宁打造了太空时代的壮观景象，令人震撼，和环球航空的班机一样，这座航站楼也很快成为环球航空公司的名片。雅典埃利尼康国际机场（1967）更加棱角分明，悬臂式航站楼的水平面高高悬在机场上方，令人称奇，也成为翱翔蓝天的象征。

除了机场和家具，沙里宁的作品还有很多，包括波士顿的克雷斯吉礼堂（1956）和耶鲁大学的英格斯冰场（1958）。在两个项目中，他都展示了标志性的结构活力，也试验了他将在肯尼迪机场使用的薄壳混凝土结构，在那里这一结构达到了震撼人心的效果。不太成功的是美国在奥斯陆（1959）和伦敦的大使馆（1960），沙

里宁似乎受到历史背景的限制，不得不做出较为僵硬、呆滞的设计。

不过这也不足为怪，毕竟沙里宁专注于飞行和未来主义这两个相辅相成的主题。除了机场，体现这两个主题的最令人印象深刻的建筑是圣路易斯拱门（1967），这是世界上最高的拱门，有192米高。这座拱门有着跳跃的抛物线形状和闪闪发光的不锈钢表皮，令人难以相信这样一座仿佛银河门户一般的抽象建筑是在1947年设计的，而且好像是从未来几个世纪的科幻史册中找到的。这座建筑充分证明，沙里宁别具手眼，匠心独运，他的建筑超前于时代，将飞行诗意地描绘为通往未来的窗口。

下图：华盛顿杜勒斯国际机场主航站楼。

右图：密苏里圣路易斯拱门。

山崎实

美国　1913—1986

主要作品
世界贸易中心（"双子塔"）、西北国家人寿保险公司、普鲁特－艾格廉租房小区

主要风格
现代主义

上图：山崎实。

　　如果说哪位建筑师的作品是现代主义生与死的寓言，那一定是山崎实。

　　山崎实将密斯的"大道至简"运用得出神入化，他反复将其应用于最能象征现代美国的艺术形式：摩天大楼。可以说，山崎实相比别的现代派人士，对摩天大楼的理解更直观，他特别擅长在视觉上让摩天大楼高耸笔直的特征凸显出来。纽约世

下图：普林斯顿大学罗伯特森会堂。

右图：西雅图世界博览会联邦科学馆。

界贸易中心标志性的双子塔曾一度是世界上最高的建筑，甚至在遭受灾难性破坏之前，它还是人类历史上最知名的建筑结构之一。

然而，就像凌云高飞却最终身亡的伊卡洛斯①一样，山崎实那些欲与天公试比高的建筑暗示了现代主义最终的衰落。他设计的绝大部分建筑已经在火灾中烧毁，遭恐怖分子炸毁，或被拆毁，这是现代主义的某种因果报应。更重要的是，山崎实设计的建筑被指规模过大，突兀而没有人情味，与周边街区格格不入，增加了疏离感，这就证实了山崎实才是现代主义落败的关键。而他建造的廉租房使这种批评显得有理有据。1972年，圣路易斯臭名昭著的普鲁特－艾格廉租房小区被拆除，历史学家查尔斯·詹克斯说那是"现代主义灭亡的一天"。

山崎实出生于西雅图，父母是来自日本的移民。他首先为负责帝国大厦的建筑公司史莱

夫，兰布＆哈蒙工作，然后在1949年成立了自己的事务所。在20世纪50年代和20世纪60年代初期，他的建筑最初与新形式主义联系在一起，这是美国现代主义的一个分支，以古典的对称构图和柱廊为特色。山崎实大部分早期作品都是这种风格，一个典型例子就是明尼阿波利斯的西北国家人寿保险公司大楼（1965），它的线条流畅优美，仿佛古典神庙一般。

但山崎实的作品中最令人印象深刻的是他的摩天大楼，在20世纪60年代和70年代，他在美国设计了数十座摩天大楼。根据密斯的理念，摩天大楼通常是简洁但富有感染力的直线型大楼，山崎实通过使用富有表现力的翅片或条纹柱更加凸显了势不可当的垂直性，从而显著放大了高度。

最能体现这一策略的是他职业生涯最重要

① 希腊神话中代达罗斯的儿子，与代达罗斯使用蜡和羽毛造的翼逃离克里特岛时，因飞得太高，双翼上的蜡被太阳融化，跌落水中丧生。——译者注

的建筑——世界贸易中心（1971）。两座110层的摩天大楼有着近1500万平方英尺（约139.4万平方米）的办公空间（根据最近的测算，大致相当于伦敦金丝雀码头的整个金融区），以前从未有过如此规模的高层建筑。他在高楼的围护结构上简单地使用紧密排列的结构柱，不知不觉中凸出了垂直性。从底部向上看，好像有数百条垂直线凌空而上，在多云的天气仿佛直上云霄。

由于有两座塔楼，震撼的效果就翻倍了，人们好像看到一个指向天空的巨型拱门，这表明山崎实的作品就像纽约早期的摩天大楼一样受到哥特式建筑的启发。世界贸易中心也是迄今为止最强有力的例子，证明了摩天大楼天生就有激发人们产生兴奋、敬畏等核心情感的能力。

但是双子塔在被史上最严重的恐怖袭击摧毁之前，就因其规模和外观而受到相当多的批评，并且在某些人心中似乎是不祥的征兆，预示着世界末日即将到来。然而，1000英里（约1609千米）之外的圣路易斯已经发生了一场世界末日一样的悲剧：1973年，山崎实设计的军事人员档案中心（1955），一座硕大无朋、造型简洁的建筑，几乎被大火烧毁，而他早期的一个项目，备受争议的普鲁特–艾格廉租房项目，也在前一年被拆除。

普鲁特–艾格于1956年建成，是一个脱胎于柯布西耶理念的大型公共住宅区，33幢楼房井然有序地排列，每幢高11层，共有近3000套公寓。它最初被誉为低收入居民现代城市生活的典范，但到了1971年，这里已经沦为犯罪活动猖獗、帮派分子聚集的地方，颓败残破，一半街区被废弃，剩下的地方只有不到600人居住。普鲁特–艾格的衰落究竟是因为设计缺陷、管理不善还是社会问题，各方仍然争执不休。无论如何，虽然山崎实的两个最著名的项目声名狼藉，但这不是对他遗产的公正评判。

左图：2001年恐怖袭击前纽约的标志——金光闪闪的双子塔。

下图：荒废的圣路易斯普鲁特–艾格廉租房小区。

中国／美国　1917—2019

主要作品
卢浮宫金字塔、约翰·肯尼迪
图书馆、中银大厦

主要风格
现代主义

上图：贝聿铭。

贝聿铭

在20世纪80年代，贝聿铭的成就是300年前的贝尼尼也无法企及的：他是第一个扩建法国的文化殿堂——巴黎卢浮宫的外国建筑师。

在17世纪60年代，贝尼尼的卢浮宫东翼设计方案遭到拒绝时，他怒气冲冲地回到罗马，但到了20世纪80年代，国外建筑师理查德·罗杰斯和伦佐·皮亚诺设计了蓬皮杜国家艺术文化中心，标志着面向全球招募建筑师的大门已经敞开，而贝聿铭

下图：享誉全球的巴黎卢浮宫玻璃金字塔。

右图：约翰·肯尼迪图书馆。贝聿铭称之为他一生最重要的委托任务。

上图：从卢浮宫金字塔内部向外看。

也将跨越这扇门。在此过程中，贝聿铭建造了他职业生涯的标志性建筑，这座建筑诗意地体现了那个时代最伟大的华裔美籍建筑师的理念和方法。

卢浮宫金字塔（1989）还没建造就已经引起巨大争议，法国政府和公众无比愤慨，许多人公开谴责这是一场暴行。然而今天它是巴黎最出名的建筑之一，矗立在卢浮宫的主庭院里，与周围文艺复兴风格的环境交相辉映，浑然一体。这种转变是因为贝聿铭向来擅长使新建筑物与极其敏感的历史背景和谐统一。

贝聿铭是几何学的大师，作品多为纯粹的立体几何形态。他以能够把简单的形状（尤其是三角形）结合到一起并融入周围环境而闻名。对于卢浮宫，他选择了一种简单的金字塔形式，与周围复折式屋顶的斜面和坡度相呼应。他确保金字塔与300年前伟大的巴洛克景观设计师

安德烈·勒诺特为周围环境设置的雄伟的中轴线精准对齐，并明确要求使用透明度最高的玻璃，以免影响透明度。这是一项可能结束他职业生涯的工程，然而事实上这项工程反而成就了他。

贝聿铭在卢浮宫金字塔上展现出他对周围环境的敏锐把握、使景物和谐统一的能力以及对几何图形的大胆驾驭，这些都是他长达79年的职业生涯的特征，也是他能取得巨大成功的关键。1963年肯尼迪总统在达拉斯遇刺后，这座饱受创伤的城市试图恢复声誉，代理市长找到了贝聿铭经营了近半个世纪的事务所——贝氏建筑事务所，要求设计一座新的市政厅。

贝聿铭也是一位技艺精湛的城市规划师，他总是在街上漫步，与居民谈论城市，分析城市的形态和风貌。最终，达拉斯市政厅（1978）刻意回避了周围市镇的高层建筑形式，取而代

之的是一座造型宏伟、布局和谐的建筑，陡峭倾斜的围护结构能够遮挡得克萨斯州的炎炎烈日，深得人心，附近的广场也能为出入市政厅的人们提供方便。项目的成功也让贝聿铭参与了该市的另外五个项目。

这种设计方法是贝聿铭的特色，他性格开朗，脸上总是带着笑容，而通常大众眼里的现代派建筑师是柯布西耶式的，像一位威严的法师，将自己不变的意志强加于城市。虽然贝聿铭从来都不是明显的后现代主义者，但他通常不落现代主义的窠臼，而是在呼应周围环境的基础上选择跟着直觉走。

因此，在贝聿铭漫长的职业生涯中，每个作品都呈现出别样的美，令人称奇。在落基山脉山脚下的梅萨实验室（1967），粗制的瞭望塔似乎是从山体上凿出来的。在备受赞誉的华盛顿国家美术馆东馆（1978）（他负责的几个文化项目之一），他采用与旁边新古典主义风格的西馆相同的田纳西大理石，将历史的沧桑厚重感表现得淋漓尽致。在北京香山饭店（1982），贝聿铭受到他出生地的传统主题的启发，创造了一个绿荫环绕的地方，卓尔不群，特意呼应了周围的自然景观。对于贝聿铭来说，无论建造什么，他都会考虑两个因素：环境和几何。也许与一些现代主义前辈相比，贝聿铭认为这两者比风格更重要。

上图：雄伟壮观的中银大厦。

135

丹麦 1918—2008

主要作品
悉尼歌剧院、科威特国民议会
大厦、巴格斯韦德教堂

主要风格
现代主义

上图：约恩·乌松。

约恩·乌松

约恩·乌松的人生是一个在工作和生活中不断为自己正名的故事。

要是你曾与同事、老板或客户发生过争执，你可能会在某一刻想要报复，幻想突然之间佛祖显灵，证明自己自始至终都是对的。而对于乌松来说，显灵的那一刻并没有及时出现，结果在1973年，英国女王伊丽莎白二世为他的经典作品揭幕剪彩的那天晚上，不但没邀请他参加这场盛宴，甚至全程都禁止提及他的名字。他在建造悉尼歌剧院的过程中遭到了铺天盖地的辱骂和批评，还被赶走，而最后悉尼歌剧院却被誉为20世纪最伟大的建筑之一，也是世界上最著名、最上镜的建筑之一，乌松也成为现代建筑的杰出代表，他为赢得这个名声所遭受的敌意早已不复存在。

悉尼歌剧院的施工问题早在1957年就出现了。当时39岁的乌松还是一位不知名的建筑师，他热爱旅行，迷恋弗兰克·劳埃德·赖特和芬兰现代派阿尔瓦·阿尔托的作品，并出人意料地击败了一些世界上最出名的建筑师，赢得了为澳大利亚设计新的国家歌剧院的资格。评审组成员埃罗·沙里宁称他的方案为"天才之作"，于是乌

下图：悉尼歌剧院——世界上最著名的建筑之一。

左图：哥本哈根巴格斯韦德教堂。

左下图：科威特国民议会大厦。

右图：悉尼歌剧院北立面素描及三张分段木制模型的照片。

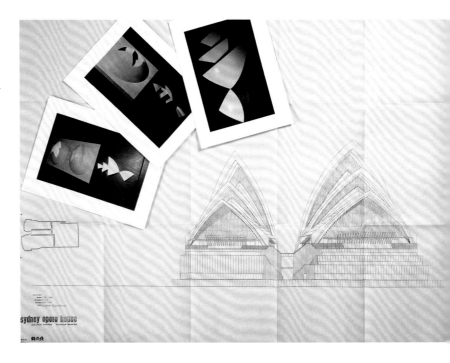

松搬到澳大利亚去建造他的获奖作品。

悉尼歌剧院的建造项目一直受到没完没了的指责，不是因为乌松年轻、缺乏经验，而是因为政府匆匆忙忙就对着概念草图开了工。由于这个草率的决定，该项目在建造过程中结构问题横生，合同纠纷不断，设计方案屡屡修改，歌剧院的完工时间推迟了十年，预算竟超支了1357%，无可挽回地损害了乌松与雇主的关系。1966年，新政府拒绝接受乌松的一项定期收费要求，于是他辞职了，离开建了一半的悉尼歌剧院回到丹麦，一去不复返。

但时间证明，乌松给世界留下了杰出的建筑作品。悉尼歌剧院的设计独一无二，14个大小不一、晶莹剔透的陶瓷贝壳从水上平台上升起，仿佛一群张开嘴的海豹从水中浮出水面。这座建筑融合了丹麦建筑的自然主义与超前于时代的美感和工艺。事实上，歌剧院的诞生过程如此曲折的一个原因就是存在明显的结构上的困难，因此设想中的复杂球面外壳难以实现。

此外，建成后的歌剧院音响效果十分糟糕（乌松没有参与音响设计），也是尽人皆知。然而，由于雕塑般的纯粹质感、富有动感的外观和令人惊叹的独创性，乌松设计的悉尼歌剧院让澳大利亚在世界舞台上的地位得以提高，并成为全球标志性的文化符号。

虽然在澳大利亚饱受磨难，但回到丹麦后，乌松很快回到建筑工作中，令人钦佩。他设计了许多更为朴素的住宅、零售商店和文化建筑，这些作品都广受好评，哥本哈根巴格斯韦德教堂（1976）引人入胜的内部也是出自他之手。静谧温馨、情景交融是他作品的标志，他还设计了一个名为 Espansiva 的模块化住房系统来试验新型的预制技术。

离开澳大利亚后，他最重要的作品是令人惊叹的科威特国民议会大厦（1982）。混凝土天篷气势磅礴，圆柱柱廊雄伟壮观，不仅有沙里宁设计的华盛顿杜勒斯国际机场的气派，还让人重温了悉尼歌剧院的风采。

诺尔玛·梅瑞科·斯科拉里克

偏见的一个残忍之处在于，它既否认了被迫害者的成就，又消磨了他们的自尊，压得他们永无出头之日，如此循环往复，贻害无穷。

美国 1926—2012

主要作品
美国驻日大使馆（东京）、洛杉矶国际机场1号航站楼、太平洋设计中心

主要风格
现代主义

上图：诺尔玛·梅瑞科·斯科拉
里克。

如果不被看见，也就没有力量。非裔美国女建筑师诺尔玛·梅瑞科·斯科拉里克就曾被困在偏见带来的恶性循环中，她所经历的痛苦是很少有人经历过的。在长达42年的职业生涯中，斯科拉里克经常与阿根廷裔美国建筑师西萨·佩里合作，负责加利福尼亚州的大型商业开发项目；

右图：坐落于好莱坞山的太平洋设计中心。

下图：1984年的加利福尼亚州洛杉矶国际机场。

共同设计了世界上最宏大的美国大使馆之一；指导了洛杉矶国际机场1号航站楼的建造，为1984年奥运会做好了准备；并在促进最具美国特色的消费主义象征——购物中心的发展上发挥了重要作用。然而，由于种族和性别的缘故，官方只认定她为其中一个项目做出了重要贡献，这个项目就是位于东京的美国驻日本大使馆。

但斯科拉里克在一生中仍然取得了惊人的成就，最终也获得了认可。1954年，她成为美国第三位获得建筑师执照的黑人女性。1980年，她成为第一位入选美国建筑师学会著名的院士团的黑人女性。1985年，她与人合伙创办了当时美国最大的、由女性当老板的建筑公司——西格尔－斯科拉里克－戴蒙德公司。在一个由白人男性主导的职业中，在一个种族隔离、民权不保的时代，她一定在种族和性别的双重战线上忍受了难以想象的偏见和歧视。斯科拉里克最终实现了浴火重生。

斯科拉里克出生于哈莱姆区，父母是巴巴多斯人。1950年，她从哥伦比亚大学获得建筑学位。

她给19家建筑公司投了求职申请，但没有一家公司聘用她，于是决定加入纽约市政工程部的工程处。四年后，她被 SOM 建筑设计事务所聘用，从此在那里任职，直到1960年搬到西海岸。

在接下来的二十年里，斯科拉里克就职于洛杉矶著名的格鲁恩公司，后升任建设总监，并与弗兰克·盖里合作了一年。在与奥地利建筑师维克托·格鲁恩共事的时候，她做出了重大贡献，帮助树立了购物中心的建筑范本，后来美国每个城镇的购物中心几乎都是照这个标准设计的。另外，她在塑造现代美国郊区风貌方面，和福特汽车公司一样功不可没。在此期间，她还与格鲁恩公司的另一名建筑师西萨·佩里合作负责商业和外交项目，其中最重要的作品是位于东京的美国驻日本大使馆（1976）。

1980年，斯科拉里克加入韦尔顿·贝克特公司并担任副总裁，负责监理洛杉矶国际

上图：明尼苏达州布卢明顿市美国购物中心前门。

下图：美国建筑师学会授予诺尔玛·梅瑞科·斯科拉里克的"小惠特尼·扬"奖。

右下图：位于东京的美国驻日大使馆。

机场1号航站楼（1984）的建设。1985年，她终于与同在洛杉矶的建筑师凯瑟琳·戴蒙德和玛格特·西格尔合伙成立了自己的事务所，但仅在四年后她就离开了，为的是重回她最熟悉的大型复杂项目。于是她去捷得国际建筑师事务所帮助设计了明尼苏达州的美国购物中心（1992）。这座建筑占地面积多达近500万平方英尺（约46万平方米），令人称奇，是当时美国最大的购物中心。在购物中心于1992年成功开业后不久，斯科拉里克就退休了。

斯科拉里克并不是美国第一位获得建筑师执照的黑人女性，没有哪一项艺术运动是以她的名字命名的，也没有哪一座建筑是由她单独建成的。然而，太多伟大的建筑物被创作者的妄自尊大玷污，合作精神却让建筑熠熠生辉。凭借合作这个核心的人类特征，以及精湛的技术专长，斯科拉里克几乎是无法被超越的。此外，建筑物的诞生从来都不是一个人的功劳，无论他们是单干还是合伙创办大型公司。

最重要的是，斯科拉里克坚韧不拔，不屈不挠，敢于直面歧视。她还努力创造机会，帮助女性建筑师获得掌握自己命运的力量。在她的影响下，美国有执照的黑人建筑师的数量也大大增加——从她刚入行时的屈指可数到今天的近一万人。"建筑界的罗莎·帕克斯[①]"的称号，斯科拉里克当之无愧。

---

① 罗莎·帕克斯，美国黑人民权行动主义者，被称为"现代民权运动之母"。——译者注

加拿大 / 美国　生于 1929 年

主要作品
毕尔巴鄂古根海姆博物馆、西
雅图流行文化博物馆、迪士尼
音乐厅

主要风格
解构主义

上图：弗兰克·盖里。

弗兰克·盖里

与其说弗兰克·盖里是建筑师，不如说他是个导演。

　　他是当今世界最著名的建筑师之一。建筑界家喻户晓的人物凤毛麟角，而他正是其中之一，尽管如此，或许也正因如此，他明白很多建筑师都没有认识到的一点——建筑的一个重要作用就是取悦于人，他通过很多方式这么做了。他给动画片配音来自嘲。他有"恋鱼情结"，设计了很多鱼形的家居用品。他对消费主义有着敏锐的洞察

上图：西班牙毕尔巴鄂
古根海姆博物馆。

最左图：洛杉矶迪士尼
音乐厅。

左图：华盛顿西雅图流
行文化博物馆。

力，设计了一系列珠宝、家具和伏特加
酒瓶。他经常兴高采烈地扮演坏脾气的
设计师的角色，每隔一段时间就要对不
听指挥的记者公开辱骂一番，对世界上
"百分之九十八"的建筑公开嫌弃一番，
说它们都是粗制滥造的。但最重要的是，
盖里用自己的建筑作品来取悦我们。

　　盖里的作品是出了名的标新立异。
他的建筑极具实验性，令人难以捉摸。
他设计的建筑造型永远歪七扭八、审美
永远玄之又玄，雕塑般的外观，行云流
水般的轮廓，金属表皮，色彩偶尔斑驳
陆离，以及完全拒绝传统的几何学。在

左图：曼哈顿下城区云杉街8号的摩天大楼。

右图：布拉格"跳舞的房子"。

染力，就使他的风格最接近解构主义，这是后现代主义最后一个离经叛道的分支，他们拒绝墨守成规，而是颠覆传统，出奇制胜。

盖里在所有建筑作品中都明显表现出对凌乱美和不规则结构的嗜好，这种惊世骇俗的风格很容易被贴上有争议的"明星建筑"标签（他本人强烈反对），因此人们指责盖里只会用花里胡哨的伎俩，造房子如同画不着边际的漫画，华而不实。具有讽刺意味的是，批评他的人用他最受欢迎的建筑之一、与捷克建筑师弗拉多·米卢尼克合作完成的布拉格"跳舞的房子"（1996）来证明他的智力缺陷。一座如此露骨地表现弗雷德·阿斯泰尔与琴吉·罗杰斯[1]相拥旋转的建筑怎么可能不是在哗众取宠？同样，盖里对现代主义一些核心思想（例如几何纯粹和"形式追随功能"）的颠覆也惹怒了某些人，毕竟在盖里心目中，一切都追随形式。

但将他贬低为肤浅的表演者是错误的。盖里是一个挑剔的创作者。他小时候在多伦多用木头和废金属搭房子，自那时起他就爱上了模型，在工作中，为了表达设计构想，他有时会搭建数百个实体模型，在无穷的形式变幻中探索该采用哪种不规则造型。如今的数字化设计技术（虽然他也会采用）已经非常先进，他仍然坚持原始朴素、不使用高科技的方法，即兴做

美学上，他的建筑看起来就像处于不同阶段的解体过程中，他设计的拉斯维加斯罗鲁福脑健康中心（2010）不落窠臼，看上去就像动画片里坍塌的大楼，好像在模仿中心要治疗的神经失调症状。如果说有哪一种风潮是盖里拥护的，哪怕只是稍稍追随了一下，那么他作品扭曲的形态和碰撞的线条，以及它们所产生的强烈感

---

① 弗雷德·阿斯泰尔和琴吉·罗杰斯是好莱坞著名的舞蹈家和舞台剧演员。

出立体模型，发挥建筑的本能，随性肆意地调度空间、形式和体量。

　　盖里也是一位重塑大师，他喜欢颠覆常见的建筑类型。以摩天大楼为例，在设计纽约云杉街8号的76层住宅大楼（2011）之前，他没有任何设计摩天大楼的经验。然而这栋大楼颠覆了曼哈顿传统摩天大楼棱角分明的造型。笔直的塔楼一层层搭建起来，用的是纽约建筑标准的退台形式，然后好像恶作剧似的，一种看不见的病毒感染了大楼，在它的金属表皮下不停地蠕动，让表面起皱、鼓胀，就像被困在内部的垂直波激烈地迸射出来。这栋建筑洋溢着前卫的气息，以高超的技艺颠覆了曼哈顿高层建筑的传统风格，至今仍是21世纪纽约最杰出的摩天大楼。

　　最后，在盖里最著名的作品——毕尔巴鄂古根海姆博物馆（1997）中，我们看到他独特的建筑成为变革性城市重塑的强大品牌工具。自博物馆开放以来，巴斯克地区的收入已增加近40亿美元，如此巨大的成功令人震惊，以至于世界各地都在觊觎所谓的"毕尔巴鄂效应"，希望建立新的文化机构以振兴社会结构和经济。如果说盖里是建筑界的疯狂雕塑家，那么他看似出格的行为不仅有存在的道理，还是他天赋异禀的体现。

美国　生于1931年

主要作品
伦敦英国国家美术馆塞恩斯伯里翼楼、西雅图艺术博物馆、圣地亚哥当代艺术博物馆

主要风格
后现代主义

上图：丹尼斯·斯科特·布朗。

丹尼斯·斯科特·布朗

丹尼斯·斯科特·布朗写下了批判现代主义的最尖锐、影响最深远的檄文。

1972年，在斯科特·布朗与丈夫罗伯特·文丘里和理论家史蒂文·伊泽诺尔合著的重要著作《向拉斯维加斯学习》中，她提到，所有建筑都应归为以下两种类型："鸭子"和"装饰过的棚屋"。"鸭子"指的是不用看标牌就能清楚地知道其功能的建筑。例如，基于拉丁十字平面图的哥特式大教堂显然归为"鸭子"一类。比亚克·英

右图：西雅图艺术博物馆外部，大门口"一个人手拿锤子"的雕塑。

下图：西雅图艺术博物馆入口处。

左图：加利福尼亚州圣地亚哥市拉荷亚镇的当代艺术博物馆大门。

右图：伦敦英国国家美术馆塞恩斯伯里翼楼。

厄尔斯在丹麦建造的乐高之家（2017）也是如此，这是一座向著名玩具制造商乐高公司致敬的博物馆，看起来就像超大的一堆彩色乐高积木。

而"装饰过的棚屋"除了通过使用完全独立于其实际功能的标牌或附加性装饰外，没有表露出任何功能。例如，一幢玻璃摩天大楼到底是办公楼还是公寓楼只能通过大门上方的标牌辨别。一座像古典式会堂一样的建筑既可以是医院，也可以是旅馆。简而言之，"鸭子"本身就是一个符号，而"装饰过的棚屋"运用了符号。

斯科特·布朗的结论是通过仔细研究拉斯维加斯花里胡哨的主题酒店和霓虹灯流光溢彩的典型美式街景得出的。而拉斯维加斯在当时已经被现代主义者蔑视，认为那里是一个又土又俗又烂的地方。她还称颂当地丰富的符号语言，如果没有这些符号，商业广告牌就会看起来平平无奇，为了表现功能，广告牌上的装饰都十分明显，看上去趣味十足。但她这些看似

无伤大雅的结论激怒了现代派，因为她切断了形式与功能之间的神圣联系，还为装饰的亵渎性使用进行辩护。

然而，斯科特·布朗的异端学说却深得民心，人们越来越厌倦精英阶层的现代主义霸权，希望回归民间的本土风格。她的理论有效地为一种新风格奠定了思想基础，这种风格与斯科特·布朗本人一样，都欣赏仿古风和附加性装饰，这种风格就是后现代主义。丹尼斯·斯科特·布朗和她的革命性著作加速了现代主义的垮台，并用一种新的风格将其取代，她是20世纪末建筑界最具影响力的主角。

斯科特·布朗与丈夫组成的建筑团队成为20世纪七八十年代后现代主义运动的国际先驱，他们的影响力从建筑延伸到了学术界。1960年，斯科特·布朗与后来的丈夫文丘里都在宾夕法尼亚大学担任教授，两人都大量进行写作和授课。她的前夫、建筑师罗伯特·斯科特·布朗在车祸中丧生。后来，斯科特·布朗和文丘里

开始亲密合作，因为她对城市规划很感兴趣，他们在1966年前往拉斯维加斯新城参观、研学，这段关键的潜心研究时期为两人开创性的著作奠定了基础。两人于次年结婚，并一直是建筑界最受认可和最有影响力的合作伙伴，直到文丘里于2018年去世。

两人共同设计的建筑和他们的著作一样，都有效地推广了后现代主义思想。文化建筑成为他们的首选领域，在西雅图艺术博物馆（1991）、休斯敦儿童博物馆（1992）和圣地亚哥当代艺术博物馆（1996）等多个委托项目中，他们尽情以轻松、戏谑的方式运用传统元素，并采用奢华的附加装饰，这两点最先被编入《向拉斯维加斯学习》中，并成为后现代主义运动的一个显著特征。

他们的作品中，在国际上最具重要意义

的一座位于伦敦——20世纪60年代，斯科特·布朗曾前往伦敦，在英国现代主义代表人物弗雷德里克·吉伯德手下学习。这座建筑就是英国国家美术馆的扩建项目塞恩斯伯里翼楼（1991），后来成为现代和后现代派别之间对立冲突的象征。1982年，ABK建筑事务所提出了一项激进的高科技建造方案，赢得了委托任务。但该计划对于传统的否定引发了公众的强烈抗议，威尔士亲王带头反对，他猛烈抨击ABK的方案，称之为"一位优雅可爱的朋友脸上的一个吓人的疖子"。最终，斯科特·布朗和文丘里更为折中的方案得到了肯定，这个方案平衡了传统与现代，与场馆的新古典主义立面和谐共处。这一次，以及20世纪八九十年代的很多次，斯科特·布朗的"装饰棚屋"都战胜了"鸭子"。

理查德·罗杰斯

理查德·罗杰斯和诺曼·福斯特齐名，是当时首屈一指的建筑师，自20世纪70年代以来一直是国际知名的建筑人物。

英国 生于1933年

主要作品
劳埃德大厦、蓬皮杜中心、千禧巨蛋

主要风格
高技派

上图：理查德·罗杰斯。

在英国和法国，他连续30年创造了每个年代的标志性建筑：20世纪70年代的蓬皮杜中心、80年代的劳埃德大厦和90年代的千禧巨蛋。作为高技派的代表人物，他在20世纪70年代初开创了激进的新功能主义工业建筑风格，给已经式微的现代主义打了最后的一剂强心针，挑战了处于统治地位的后现代主义。

罗杰斯以建造具有强烈结构表现主义的建筑而闻名，通常被隐藏起来的服务设施和工程特色在内部和外部都被大胆地展示出来。在20世纪80年代现代主义和后现代主义派别之间的风格之战中，他的大部分作品发挥了重要且极具煽动性的作用。罗杰斯的建筑理念常常伴随着激烈的争议。他的许多建筑经常对环境和历史敏感性毫不妥协，因此毁誉参半。在现代主义衰落并导致传统保护运动兴起之际，他不亚于一个魔鬼。但不可否认的是，他对20世纪后期建筑界产生了巨大影响，在他最好的作品中，我们看到了充满活力

下图：夜晚，巴黎蓬皮杜中心独特的外观。

的结构展示和魅力四射的视觉奇观之间的融合，如同奇绝瑰丽的交响乐。

罗杰斯出生于托斯卡纳，具有英国和意大利的血统，他从小就患有阅读障碍，在获得耶鲁大学建筑奖学金之前，他在英国接受教育。在那里，他遇到了同学诺曼·福斯特，他们于1962年毕业，一年后一同返回英国，并与各自将来的妻子一起创办了"第四小队"建筑事务所。虽然仅在四年后就解散了，但事务所早就已经试验了金属预制和结构展示技术，这些技术成功应用于斯温顿的信托控股工厂（1967）等项目，该工厂是公认的第一座工业高技派建筑。

20世纪70年代初，罗杰斯与意大利建筑新星伦佐·皮亚诺合作，共同赢得了两人早期职业生涯的决定性委托任务——巴黎蓬皮杜中心（1977）。这座建筑外部钢架林立、管道纵横，就像麦卡诺模型①，所有管线、通道都暴露无遗，并被涂上不同颜色。起初，蓬皮杜中心在巴黎这样一个以极端保守的保护主义闻名的城市引起了轩然大波，但后来却成为当地最受欢迎的博物馆之一。

更具争议的是罗杰斯的下一个大项目——位于伦敦金融城的劳埃德大厦（1986），当时这个项目由理查德·罗杰斯建筑事务所负责。这座建筑本质上被认为是一个大型钢铁机器，身披铠甲一般的无窗钢板，暴露的管道系统、横梁和楼梯就像有力的肌腱，把钢板固定在一起。外形如同一座石油钻井平台，冰冷的机械令人

---

① 麦卡诺模型是一种玩具，可以用各种钢件组成模型。——译者注

敦市长的顾问。

也许是因为现在罗杰斯更关心社会了，罗杰斯最近的作品也变得更加温和。一个突出的例子是美轮美奂的马德里巴拉哈斯机场4号航站楼（2004），一个长长的大教堂式大厅中央被一排庄严的柱子贯穿，波浪形的木质天花板就像一张在风中飘动的床单。即使在他最激烈的战斗现场，劳埃德大厦对面的利登霍尔塔（2014）也不像它的前辈那样明目张胆地反叛，而是礼貌地将上部结构掩藏在闪闪发光的玻璃幕墙之后。罗杰斯这时的建筑仍然秉承高技派的精神，但表现上含蓄了一些。成熟已经驯服了机器。

望而生畏。如果说蓬皮杜中心至少还能适应巴黎历史悠久的街道布局，那么劳埃德大厦就是在堂而皇之、杀气腾腾地反抗历史文脉。尽管这座建筑毫无疑问是高技派史上的标杆，但至今仍然备受争议。

几乎可以确定的是，罗杰斯对城市复兴的兴趣日益浓厚，在这个领域他表现出敏锐的社会意识，并被证明是非常有远见的。在1986年伦敦皇家艺术学院名为"展现伦敦的可能性"的展览中，他提出了一系列关于如何改造伦敦市中心公共场所的激进想法。政府最初对这些想法不屑一顾，但后来，在2003年，诺曼·福斯特（罗杰斯之前的合作伙伴）负责特拉法加广场步行道优化的项目时，也参考了罗杰斯的方案。同样，在罗杰斯的里程碑之作《小星球的城市》（1997）中，他预见了当前社会政治对可持续性的重视，并试图影响新一代设计师，让他们认识到城市发展的重要性。1998年至2009年间，他还是英国政府的首席城市顾问，然后成了伦

上图：位于伦敦金融城中心的劳埃德大厦展现了高科技理念。

左图：伦敦格林威治半岛的千禧巨蛋。

下图："伦敦的可能性"展览细节，图中显示了两条主轴线：南北向从皮卡迪利广场到滑铁卢，以及东西向从议会大厦到带黑衣修士铁路桥。

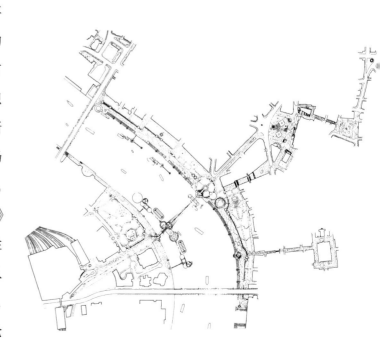

阿尔瓦罗·西扎

葡萄牙 生于1933年

主要作品
1998年世博会葡萄牙馆、伊博尔卡马戈基金会博物馆、纳迪尔·阿方索艺术博物馆

主要风格
现代主义

上图：阿尔瓦罗·西扎。

很多建筑师都会努力让他们的建筑作品富有诗意，但很少有人能像阿尔瓦罗·西扎一样赋予建筑雕塑般的优雅和超凡脱俗的韵律。

西扎出生在波尔图北部的一个沿海小村庄，年轻时最初想成为一名歌剧演员，然后找到了更符合他最终风格和职业生涯的工作——做雕塑。14岁时他游历了巴塞罗那，并在那里深深迷上了高迪的作品，直到那时，他才决心投身于建筑

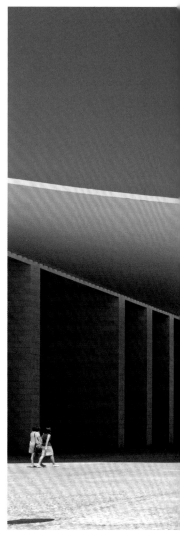

上图：1998年世博会葡萄牙国家馆的顶篷，位于里斯本万国公园。

左图：巴西阿雷格里港卡马戈基金会博物馆的天窗。

业。在他1955年从波尔图大学毕业之前，他就开始从事这个职业了。

西扎在20世纪60年代后期名誉受损，因为当时现代主义不断遭到批判。然而，与一些同时代人不同的是，在他漫长的职业生涯中，他一直理直气壮地推崇现代主义理念，创造了鲜明、严肃和实用的形式，他的作品中尖锐的几何形状、朴实无华的表面以及对光影的灵巧处理遵守了严格的极简主义准则，这些准则在早期现代主义思想中尤为突出。他自称深受阿尔瓦·阿尔托和著名的墨西哥现代主义者路易斯·巴拉甘作品的影响。

但西扎并非食古不化，卡纳维泽斯的圣玛丽亚教堂（1996）就是一个例子。精心粉刷的立方体造型，素雅的表面，基本上没有窗户的广阔空间，初看之下，整座教堂似乎有些平淡无味、寒素拙朴，只是强调实际的功能。这与历史上葡萄牙教会建筑艳丽、奔放的传统完全对立，但与现代主义的纯粹功能主义完美呼应。教堂里还有一间太平间，教堂的钟摆放在一对嵌壁式屋顶架子上，这是凶事的象征，烘托了森冷肃寂的氛围。

但随后，就像雕刻家凿开一块石头一样，西扎切开了教堂的后部，形成一个干净利落的

扇形后殿，这个地方就成了引入更多微妙曲线的媒介。西扎把教堂的一面内墙轻轻弯曲并倾斜，让天窗散发出放射状的光影阵列，光影就从天上渗入素淡的白色中殿。随着表面几何形状和光线的微妙变形，实用的内室蜕变成一个赏心悦目、超凡脱俗、充满灵性的地方，极简和理性受到了诗意的浸润，令人心醉。

形态的塑造和状态的嬗变是西扎大部分作品中显而易见的主题。独具一格的设计体现出离经叛道的意味，重现了高迪的精神。位于柏林的名为"你好，忧愁"的公寓楼（1984）更是向这位伟大的加泰罗尼亚建筑师致敬。西扎用与众不同的方式调度蜿蜒的曲线，塑造整体的轮廓，使得这座建筑看起来像"蓬松版"的巴塞罗那米拉之家。

水上办公楼（2014）中雕塑般的形态更为典型。这是中国江苏省一家化工厂的办公大楼。宛若游龙的优雅曲线撞上锋利的棱角，好像把两种几何形状打成一个紧凑的结，盘踞在一个人工湖中央，充满

上图：葡萄牙查韦斯的纳迪尔·阿方索当代艺术博物馆。

最右图：葡萄牙卡纳维泽斯的圣玛丽亚教堂。

右图：德国莱茵河畔魏尔镇维特拉设计园区的走廊，宽旷敞亮。

戏剧性和超现实之感。超现实主义的主题也在西扎的作品中反复出现，在巴西阿雷格里港的伊博尔卡马戈基金会博物馆（2008），最令人印象深刻的一处是带有围墙的、棱角分明的过道，它蜿蜒曲折，刺穿了弧形的白色混凝土立面。

所有这些主题都在他为1998年里斯本世博会建造的葡萄牙国家馆中达到了顶峰，这可能是西扎最伟大的作品。他雕刻了两个巨大的混凝土门廊，上面贴着奢华的瓷砖。两个门廊位于一个大型公共广场的两侧，相距70米。每个门廊都有一排巨型柱子，以不对称方式排列，高耸峻拔，构图比例完美，呈现出一派沉稳、厚重的气象。

接着是令人称奇的转变。两个门廊之间悬垂着一个广阔、超薄的混凝土顶篷，长70米，两边高，中间低，就像挂在两个巨型杆子之间的石头吊床，给人非凡的观感。虽然混凝土无论如何也不可能完美复制布料的延展特性，但强健有力的门廊和优雅悬挂的顶篷之间的对比一目了然，创造了一种雕塑般的精致感，美轮美奂的几何构造令人叹为观止。和西扎的大部分作品一样，这座建筑通过雕塑感和超现实主义重写了现代主义程序，升级了已有的现代主义硬件，让建筑充满诗情画意。

英国 生于1935年

主要作品
汇丰银行总部大楼、大英博物馆大庭院、苹果总部大楼

主要风格
现代主义

上图：诺曼·福斯特。

诺曼·福斯特

诺曼·福斯特可以说是当今世界上最著名、最吸金的建筑师。全球各地有数百座以他的名义建造的建筑，福斯特现在成了一个顶尖、高端的建筑品牌，正如苹果或可口可乐是市场上响当当的名号一样，福斯特也是建筑界举足轻重的招牌。他的另一个与众不同之处是将设计的独创性与营利性结合起来，这是所有建筑师梦寐以求却难以企及的辉煌。

上图：大英博物馆大堂。

如今建筑业人士并不都是商业奇才，那么问题来了：福斯特是如何做到的？所幸，他通过揭示自己最崇拜的设计作品的秘密，用这种含蓄的方式帮助我们找到了问题的答案。这个作品就是波音747珍宝客机，用飞机举例是因为福斯特酷爱飞行，在绘制楼房之前他就已经在绘制飞机了。福斯特的建筑正是受到波音747的启发。这架飞机非常实用，工程和设计完美结合，流线型的外观时尚大方，工业化的制造过程高效精简，采用预制技术，舱室的分布井然有序，而且为了让发动机易于更换，飞机的结构也非常灵活。这种灵活性赋予了它长久的生命力，从而让福斯特受到启发，而这也让福斯特的作品产生了扣人心弦的力量，从而赋予他经久不衰的大众吸引力，这种品质就是未来感。

福斯特刚入行时，与英国现代主义晚期的另一位代表人物理查德·罗杰斯合作。他们建立的"第四小队"建筑事务所是高技派的早期代表，高技派是

晚期现代主义的衍生流派，他们最注重结构表现主义和工业化装配。在"第四小队"于1967年解散后，福斯特成立了自己的福斯特建筑事务所（后来更名为福斯特及合伙人建筑事务所，是世界上最大的建筑事务所之一）。他早期的作品一直恪守现代主义原则，但他加入了自己的

东西，首先是一种紧凑的利落感，既能体现工业化，又没有压迫感；其次是想方设法将结构简化并合理化，不是纯粹为了表现结构而表现结构。两者独特的组合使福斯特能够为他设计的建筑类型注入两个关键品质，这两个关键品质也将成为他建造方法的鲜明特征：创新和重塑。

这种更精简、更智能的高科技使福斯特早期的大部分工作都具有革命性。在诺维奇的塞恩斯伯里视觉艺术中心（1978），他将艺术画廊重新定义为一个单一的、灵活的围场。在具有里程碑意义的汇丰银行总部大楼（1985），就像罗杰斯的劳埃德大厦一样，颠覆了摩天办公大楼设计的传统，支撑结构和服务设施被"驱逐"到大楼外部，从而使内部楼面得到了"解放"。在伦敦斯坦斯特德机场（1991），福斯特将机电设备和服务设施从屋顶转移到大厅的地下室，上面的结构支柱分布了张力。福斯特彻底改造了机场，拱顶自然采光，轻盈的天花板上镶嵌着天窗。

聪明的福斯特当然不是空想家，

上图：汇丰银行总部大楼。

右图：苹果总部大楼。
最右图：米洛高架桥仰视图。

他辉煌成就的一个原因是他具备非凡的能力，可以自如重塑各种历史建筑类型，远远超越了高技派的风格。因此，在柏林国会大厦（1999）的修缮中，我们看到他在旋转的螺旋坡道中复活了缺失的古典穹顶，坡道在一种有未来主义风格、由玻璃和抛光钢构成的球体中上升。在大英博物馆大庭院（2000）中，他打造出了欧洲最大的有顶公共广场，将从前的服务场地重新配置为宏伟的新古典主义前院，并用气势恢宏的玻璃屋顶将其包围起来。

福斯特的许多高层建筑委托任务都是创新和适应的典范。纽约的菱形格纹赫斯特大厦（2006）从20世纪20年代的地基上昂然升起。伦敦的圣玛丽艾克斯30号大厦（2001）呈

现出类似椭球的形状，一反摩天大楼的直线造型。作为实业家，福斯特还完成了具有里程碑意义的基础设施项目，包括雄伟壮观的香港新机场（1998）和北京新机场（2008）、伦敦金丝雀码头的豪华水下地铁站（1999），以及犹如弯曲光束一般的伦敦千禧年大桥（2000）。最令人印象深刻的是法国南部犹如在云端的米洛高架桥（2004），长1.5英里，呈斜拉式，高337米，是世界上最高的桥梁。

波音档案保管员迈克尔·隆巴迪说，747给商业航空带来辉煌，因为它是"把世界缩小的飞机"。而通过把简洁和清晰带到各个建筑风格、行业和地区，福斯特无与伦比的职业生涯也起到了和波音747同样的作用。

丹麦 生于1935年

主要作品
哥本哈根斯楚格街、布莱顿新街、丹佛第十六街商业步行街

主要风格
城市主义

上图：扬·盖尔。

扬·盖尔

扬·盖尔的兴趣不在于建筑，而在于人。同样，他最关心的不是建筑物，而是建筑物之间的空间。

盖尔的整个职业生涯都在努力调和这相反相成的两者，并因此成为同辈中最具人文主义、最善解人意的杰出建筑师。提到他，人们也会自然而然想到关于公共空间的理论和实践。盖尔的工作始终受到他热情信念的推动，即公共空间是城市健康、经济成功和社会福祉的主要驱动力。

下图：带有长凳的布莱顿新街。

下图：哥本哈根阿麦广场的斯楚格步行街。

因此，盖尔提倡步行和骑自行车，认为这两种交通方式远胜于开车。他坚持必须重塑城市，用更人性化的、以人为本的方式重新分配公共领域。他的想法经常遭到政府的强烈抵制，最初还遭到知识分子的蔑视。

他的许多想法虽然与主导当前城市和环境话语的可持续发展运动本质上是一致的，但他是在20世纪60年代第一次阐明这些想法的，远远领先于时代，于是政府就认为他是在对抗盛行的现代主义正统观念。1960年，盖尔从哥本哈根丹麦皇家艺术学院（KADK）毕业时，现代主义仍然占据霸权，世界各地的战后城市正在重建，或多或少都会遵循勒·柯布西耶机械论的理念。

但即便如此，盖尔也非常厌恶这些理论，他在现代主义的技术官僚威权主义中看到了对人类精神的极权压制，汽车的文化至高无上就是例证。毕业后不久，他遇到了身为心理学家的未来妻子，两人的交流让他更加坚信自己的观点。他说"建筑师学习形式比学习生活更容易"。他承认现代主义确实提供了类似广场的公共空间，他认为这些通常是"无人区"，过于庞大且暴露在大风中，无法供人使用。

盖尔的解决方案很简单，他今天仍在使用，只不过是以更加精细、以数据为中心的方式。这种方案要求详尽研究任何给定地点或城市的普遍社会和物理条件，包括从气候、街道设施和用户年龄到期望线路、路标和行为习惯等所有方面的定期严格分析。然后根据分析结果，就能了解城

下图：丹佛市中心的第十六街商业步行街，商店、咖啡馆林立其上，街道中央绿树成荫。

右图：加利福尼亚旧金山的市场街，修有缆车道。

市文脉，并制定与之相呼应的设计规划。

这个策略听起来很简单，因为从很多方面来说确实如此。但盖尔强调，要严格执行该策略，因为对城市规划和建筑设计进行干预，有助于做到以人为本，从而使城市规划和建筑设计更加成功。在他职业生涯的前40年，作为KADK城市规划教授的盖尔主要通过出版界和学术界传播他的理论。斯楚格街是哥本哈根的主要购物街，从20世纪60年代起，根据盖尔的理念，在这里设立了实验性步行街，效果极佳。在此期间，盖尔还撰写了极具影响力的书籍，主张复兴公共空间和以人为本的城市化设计方法。

2000年，为了将理论付诸实践，他成立了盖尔建筑事务所。步行街在世界各地设立，大获成功。时代广场和纽约百老汇部分地区的步行街设计是基于盖尔在2009年汇编的研究。旧金山市场街有时对行人很不友好，如今正按照盖尔自2010年以来制定的策略进行改造。而澳大利亚第二大城市墨尔本，在人口急剧增加之后，仍然焕发生机，成为世界上最宜居的城市之一，甚至被称为"墨尔本奇迹"，这在很大程度上归功于自20世纪80年代中期以来在当地担任咨询顾问的盖尔。

盖尔极大地改善了公共空间在人们心目中的形象。即使是像英国这样不愿大规模实施其理论的国家，现在也有效地将他所倡导的"空间营造"原则融入规划、设计和开发公共空间的文化意识中。盖尔是一位建筑师，他的建筑可能并不出名，但他使公共空间成为建筑设计中不可分割的一部分，使它不再受制于交通规划员，并把我们的城市变得更加人性化、更加宜居。他继承了美国城市规划大师简·雅各布斯激进的理念，并成为他那个时代首屈一指的城市专家。

意大利　生于1937年

主要作品
关西国际机场、碎片大厦、惠特尼美国艺术博物馆

主要风格
现代主义

上图：伦佐·皮亚诺。

伦佐·皮亚诺

　　伦佐·皮亚诺早期的职业生涯也许主要和高技派运动联系在一起，但实际上他秉承了一种源远流长的建筑观。

　　在建筑师的现代角色被发明之前，中世纪的建筑师被称为石匠大师，是受人尊敬的工匠，他们对材料和制造有着深入的了解。对他们来说，设计的概念是建立在

下图：纽约惠特尼美国艺术博物馆。

右图：直冲云霄的伦敦碎片大厦。

施工过程中的。而皮亚诺认为建筑是一种现代手工艺，他实际上是找到了建筑的古老源头，在他的祖国，文艺复兴时期的大师已将这个传统发扬光大。

他自己的公司伦佐·皮亚诺建筑事务所就是致敬这一传统的，这一传统也根植于他本人的家谱中：他来自建筑世家。在建造各种风格、类型和规模的建筑时，他都会强调透明度、工程、模块化、光线和某种温和的触感等主题，这种对材料的运用方式就体现了这一传统。虽然这种多样性使得皮亚诺自己的标志性视觉风格更难定义，但正因如此，在当今杰出建筑师的作品中，他的作品是在美学上最不统一的。皮亚诺的工作始终只需要两个元素：工艺和好奇心。

皮亚诺出生于热那亚，离风景优美的沿海山坡地不远，1989年，他在那里建造了自己公司的总办公室，他于1964年从米兰理工大学毕

上图：大阪的关西国际机场。

右图：关西国际机场的联络桥天门大桥。

业。第二年，他受雇于路易斯·康在费城的事务所，一直在那里工作了五年。他的第一座重要建筑是在1970年与理查德·罗杰斯会面后建成的，两人的交情一直延续至今。两年后，两人赢得了使他们一举成名的项目——巴黎蓬皮杜中心（1977）。虽然皮亚诺不像罗杰斯那样热衷于将其定义为高技派建筑，而是更希望将其称为"快乐的城市机器"，但由于这座建筑的影响，他早期职业生涯就被认定为是本质上关注结构表现力和理念创新的。

这两个主题在皮亚诺的作品中反复出现，但不一定在高技派的范围内，而罗杰斯总是在意识形态上对高技派更加热衷。在1981年成立自己的事务所后，皮亚诺承接了很多项目，表

现出非凡的多样性。其中最具游牧民族特色的是新喀里多尼亚岛的让·马里·吉巴乌文化中心（1998），有着叠层木材制作的帆状立面。

他最大的作品是1994年的关西国际机场（世界上最长的机场航站楼），那里有着1.7公里的巨型椭圆形滑道；而最具烟火气的是柏林的波茨坦广场（2000），皮亚诺整合了一系列建筑和公共空间，试图形成对德国首都丰富遗产和文化的当代表达。

可以说，皮亚诺职业生涯中最成功的阶段是后期，他的方法从强调结构性转变为提高透明度和精确的细节。2011年，他在英国的第一个项目——圣吉尔斯核心，让伦敦人眼花缭乱，这是一座五颜六色的办公大楼，表面镶嵌着彩陶栅栏。

两年后，同一座城市出现了备受争议的碎片大厦，这是西欧最高峻的摩天大楼，但它锥形的造型和残缺的顶端又呈现出令人难以忘怀的脆弱性，从而达到了平衡。2015年，在纽约，著名的惠特尼美国艺术博物馆开幕，传统的艺术画廊被创造性地重塑为一座工业玻璃和铜构成的九层高楼，并由外部露台和人行道点缀。同年，马耳他议会大厦竣工，这是一座装饰性的石头宫殿，雄伟壮观，体现了当地精神，与高技派完全搭不上边。与之截然相反的是2017年的巴黎法院，大胆前卫，高30层，呈现阶梯式，几个从大到小的长方体办公楼堆叠在一起，看起来似乎摇摇欲坠，表面是闪闪发光的半透明玻璃幕墙。

皮亚诺建筑的精妙之处在于，无论规模如何都精细入微。无论是融入碎片大厦玻璃覆层房间明艳的红色卷帘，还是洛杉矶县艺术博物馆（2010）屋顶的一面面风帆，在皮亚诺的每个作品中，细枝末节都被有条不紊地精心组装起来，让建筑整体也呈现出精致优雅的感觉。

捷克 生于1939年

主要作品
布拉格城堡的橘园、加拿大水站、兹林会议中心

主要风格
现代主义

上图：埃娃·伊日奇娜。

埃娃·伊日奇娜

受到消费主义的影响，建筑作为一种理想的设计产品被商品化，这并不是什么新鲜事。

早在18世纪，英国新古典主义者罗伯特·亚当和他的兄弟们非常成功地推广了以他名字命名的室内设计风格，各种家用设施都采用了这种风格，如壁炉、窗帘和照明用具等。查尔斯·雷尼·麦金托什也是如此，他独特的建筑风格同样

右图：布拉格城堡的橘园。

下图：伦敦东部的加拿大水区公交站。

适用于家具。这种趋势在现代主义的影响下加速发展，它运用了工业制造技术，自然而然地实现了从建筑物到生活品牌的跨界。20世纪与之相关的一些经典设计出自建筑师瓦尔特·格罗皮乌斯、埃罗·沙里宁和著名丹麦设计大师阿纳·雅格布森等人之手。

富有远见的著名捷克建筑师埃娃·伊日奇娜为当代建筑设计界做出了巨大贡献。尽管她是一名极具专业素养的建筑师，但伊日奇娜最为人所知的是室内设计，她用杰出的职业生涯模糊了这两个学科之间难以控制的界限。她的建筑通常表现为复杂细致的构件组装，而她的室内设计则展示了对光线和材料的灵巧空间操纵。也许与零售业最相关的是，她将高度工程化和概念化的当代空间插入了具有历史意义的建筑。但她的标志性作品是楼梯，她始终将其重构为珠宝一样精致的结构，让楼梯看起来像

是光线、玻璃和钢组成的层叠水晶雕塑。

伊日奇娜出生于捷克斯洛伐克的兹林，经过深思熟虑，她决定去布拉格美术学院学习建筑和工程，这种严谨的态度也反映在她未来的工作中。她于1962年毕业，之后被传说中的摇摆60年代的伦敦风尚所吸引，并在六年后搬到了那里。她最初是大伦敦市政会的建筑师，后来在几家私人事务所工作，20世纪70年代负责布莱顿码头和西敏码头建造项目，但西敏码头的方案没能成功。但1979年与著名时装零售商约瑟夫·埃特吉的一次偶然会面以及20世纪80年代炫目的消费主义的兴起，将她的职业生涯推向了正轨。

整个20世纪80年代，伊日奇娜为埃特吉的高端时装连锁店约瑟夫设计了数十家优雅的伦敦时装店，从此声名鹊起，并最终建立了自己的事务所。她的作品确立了现在奢侈品零售

左图：捷克共和国的兹林会议中心。

上图：萨默塞特公爵府的旋转楼梯——伊日奇娜最负盛名的旋转楼梯之一。

业中习以为常的室内设计主题，包括玻璃货架、单色风格、极简主义细节、高店面透明度和精密设计的玻璃展示柜——当然还有一系列奢华的玻璃楼梯，最令人难忘的是她1989年在斯隆街商店里建造的。在20世纪80年代和90年代，伊日奇娜的作品在很大程度上成为精致的时代背景，衬托出伦敦奢华生活的魅力。

之后，伊日奇娜完成了更大规模的非零售业委托任务，这些作品仍然充满了同样一丝不苟的细节感和精妙的玻璃结构。在布拉格城堡的橘园（2001），她超前地在原来的场地上增加了一个高科技温室。在伦敦的加拿大水站，她将平平无奇的公共汽车候车亭变成了弯曲的玻璃带，由棱角分明的钢隧道支撑。伊日奇娜于1990年回到捷克共和国，她的兹林会议中心如同一个椭圆形的珠宝盒，上面镶嵌着穿孔金属窗板，顶部是尖顶的倾斜三角形桁架，仿佛一个皇冠，可以说这是她迄今为止最具诗意的建筑。但伊日奇娜最令人难忘的建筑要属她那精美绝伦的楼梯。其中最出名的是伦敦萨默塞特公爵府美轮美奂的旋转楼梯，楼梯由混凝土建造，仿佛爬行动物的脊椎一般，周围是玻璃。一级级台阶围绕着一个65英尺（约19.8米）长的网状钢柱蜿蜒向上。楼梯与周围环境的新古典主义华丽风形成鲜明对比，雕塑般的质感和动态的工艺构造不仅拓展了结构的边界，而且强有力地证明了伊日奇娜的理念——建筑在室内设计中是卓越的概念驱动力，发挥着关键作用。

安藤忠雄

"失落"似乎是一个不太可能承载建筑生涯的主题，却在日本建筑大师安藤忠雄的驾驭下呈现出凄美和诗意的效果。

日本　生于1941年

主要作品
光之教堂、兵库县立美术馆、兰根基金会美术馆

主要风格
现代主义

上图：安藤忠雄。

安藤忠雄可能从小就饱尝失落感。他在大阪出生，和孪生哥哥的出生时间只相差90秒，但在两年内他就与哥哥分开，被送到祖母那里，由祖母抚养长大，这给他的童年生活带来了强烈的缺失感。

对于安藤来说，失落感也通过俳句①传达出来。俳句是一种古老的日本艺术形式，表现了空虚之感，据说其荒凉、朴素的形式中存在着至美。在安藤50年的职业生涯中，他用建筑诉说失落之情，让人为之倾倒，于是他成为建筑界杰出的人物之一，在世界各地都广受追捧（粉丝包括时装设计师卡尔·拉格斐和乔治·阿玛尼等人），也是同代人中最著名的日本建筑师。

他的杰作大阪的光之教堂（1989）就展示了他充满魅力的风格。这是一座占地仅约100平方米的小教堂，外形是一个坚实的混凝土长方体，

左图：光之教堂。墙体空隙构成了一个十字架。

右图：日本神户的兵库县立美术馆。

---

① 俳句，日本的一种古典短诗。以三句十七音为一首，首句五音，次句七音，末句五音。——译者注

线条笔直，表面没有窗，看起来十分朴素，让人想起安藤的处女作住吉的长屋（1976）。一个孤零零的穿孔以八字形墙面的形式出现，看起来切入了长方体（但很明显没有碰到长方体），表示教堂入口。在教堂朴实无华的混凝土墙内，幽静、昏暗的氛围流露出闭塞之感，幽闭的空间让有的人感到恐惧。但的确有一个引人注目的主要光源。在祭坛后面，一个细长的十字架切入混凝土墙，仿佛面纱上的泪珠。神圣的阳光透过缝隙，从阴影中渗出，阳光灿烂的时候，就像一个燃烧的白色十字架穿透了黑暗。

安藤呈现的效果令人叹为观止，这种充满诗意的布置也蕴含着他作品中反复出现的各个主题。他巧妙操纵光线，精准把握细节，运用至简至纯的几何图形，偏好厚实的钢筋混凝土墙，推崇质朴、粗野风格的表现形式。他提倡明与暗、实与虚之间的强烈空间对比，并恪守这种对比所体现的传统禅宗哲学理念。当然，还有久久萦绕心头的惘然若失之感。

其中一些主题清楚地表明安藤与他的现代主义前辈之间的相似性。玄妙的几何造型让人想起路易斯·康的作品，而混凝土的灵活使用则和柯布西耶的风格类似。事实上，正是由于年轻时参观了柯布西耶的建筑物，才激励他放弃了拳击手漂泊不定的生活，走上了建筑的道路——令人难以置信的是，他从未接受过正式的建筑教育。安藤甚至还以这位瑞士大师的名字命名自己的狗。

但安藤的作品也非常个性化。实际上，他对承重混凝土墙的推崇和柯布西耶的观点相悖，柯布西耶坚持认为外墙应该是表面轻薄的一层膜，在结构上是多余的。在更抽象的层面上，贯穿安藤作品的强烈的心灵共鸣、诗性和与自然对话的理念是他的独特之处，在被认可的现代主义学说中几乎没有出现。

通过一百多座建筑的非凡成就，安藤磨砺、塑造了自己独特的风格。在兵库县立美术馆（2002），他将角度和曲线并置，创造出一

左图：位于德国的兰根基金会美术馆。

下图：得克萨斯州沃斯堡现代艺术博物馆。

种动态的结构组合，空灵的边缘采光和光之教堂类似。在得克萨斯州沃思堡现代艺术博物馆（2002）和德国兰根基金会美术馆（2004），他将雕塑般的混凝土长方体置于水面之上，充满戏剧表现力。在香川县的李禹焕博物馆（2010），肃穆的混凝土墙如多米诺骨牌一般，切入天空，勾勒出画廊入口的阴影。

安藤的每个作品中都有他心爱的混凝土。他完善了珩磨和模板的艺术，常常让混凝土拥有丝绸般柔滑的触感，抑或在外露的模板孔和曲面墙壁重叠时像皮革一样充满弹性。安藤以高超的手法，用混凝土来调节和打磨他作品中标志性的明暗关系、虚实变化和失落之美。他就如同遗世独立的仙人，穷极一生从缺失的情感中幻化出完美的空间形态。

荷兰　生于1945年

主要作品
西雅图中央图书馆、中国中央
电视台总部、鹿特丹大厦

主要风格
现代主义 / 结构主义

上图：雷姆·库哈斯。

雷姆·库哈斯

激进的荷兰建筑师和城市理论家雷姆·库哈斯最具
影响力的作品可以说是他的著作，而不是建筑物。

1978年，在伦敦和鹿特丹成立大
都会建筑事务所（OMA）三年后，曾任
记者、从建筑协会学院毕业的库哈斯发
表了《癫狂的纽约：给曼哈顿补写的宣
言》一书，备受赞誉。

该书以纽约为典型案例，认为城市
是令人上瘾的有机体和文化机器，是当
代生活的隐喻，其发展取决于"编辑"
人类活动的建筑项目的实施。后续著作
《小、中、大、特大》于十七年后出版，
在1376页的篇幅中，作者洋洋洒洒地
分析了OMA的建筑项目（大部分未实
现），穿插了新的概念，例如他认为如
果建筑渴望达到超越物理维度的存在规
模，那么公认的建筑原则（即规模和比
例）已经过时。

这两本书让新一代建筑师接触到新
颖的理论，感受到极大的视觉冲击力。
《小、中、大、特大》大胆的排版、鲜
艳的色彩和醒目的目录风格彻底改变了

右图：柏林施普雷河畔的荷兰驻
德国大使馆。

最右图：波尔图音乐厅。

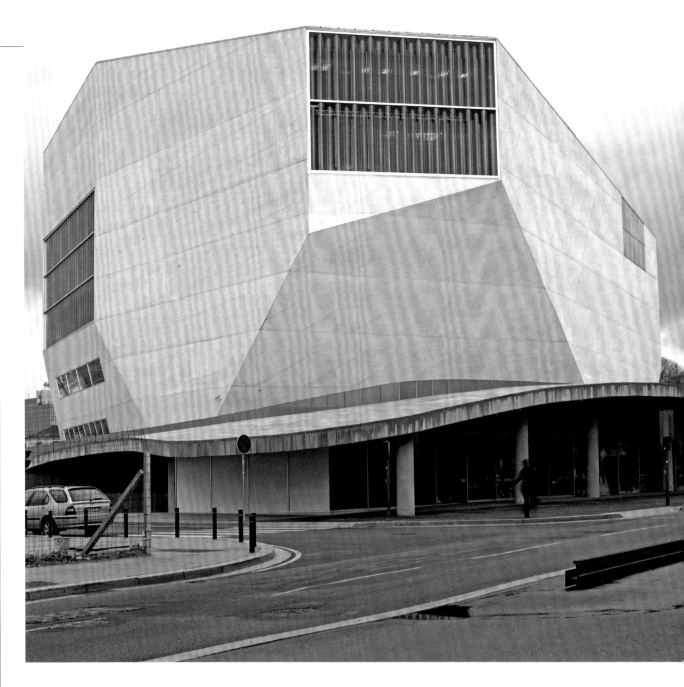

建筑出版业，在20世纪90年代深受建筑学生的欢迎。对于批评者来说，库哈斯就像著名的建筑师、理论家彼得·艾森曼和伯纳德·屈米一样，是自命不凡的知识分子。由于在20世纪70年代，现代主义在现实生活中已经没落，他们就退回到哲学圣殿，尽情地纸上谈兵，而且他们的想法可以在玄之又玄的语言的掩护下免受过度的公众审查。

然而，对于遍布全球的崇拜者来说，库哈斯是当世无双的建筑思想家，他大刀阔斧、雷厉风行、离经叛道的作风席卷了时尚、出版、电影和戏剧界，将建筑创造的边界拓展到鼓动人心的全新领域。尽管批评者可能会对他显而易见的学究气不屑一顾，但库哈斯还是果断地将他的理论转化为实践，在世界各地建造了许多尽情展露超现实风格的重要建筑。

库哈斯以颠覆传统而著称，奠定他这一声誉的首个建筑也许是位于柏林的荷兰大使馆（2004）。半透明的大楼线条笔直，但好像趁人不注意似的，斜斜地涂上了之字形的凹槽，边

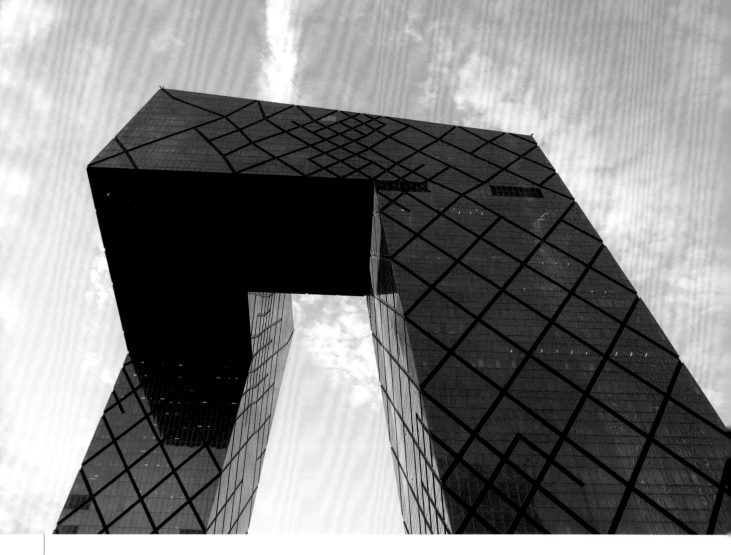

缘隆起，仿佛在立面上用单色颜料慢慢涂鸦。在西雅图中央图书馆（2004），一个看似笨拙的倒角、斜肋构架玻璃盒子向上、向外旋转，以一种极端的方式试图让建筑物的形式追随内部功能。

库哈斯最具戏剧性的作品中，有一些是对摩天大楼形式的讽刺性改造，这源于库哈斯在著作中所说的对曼哈顿根深蒂固的喜爱。在44层的鹿特丹多功能大楼（2013）中，三座相互连接的笔直玻璃塔被拦腰切开，其中一座还被从中间竖切开来，由此产生了八个体块，像俄罗斯方块一样错落有致地堆叠起来。中国中央电视台总部（2012）可以说是他最著名的建筑项目，库哈斯戏仿了具有生殖崇拜象征的传统摩天大楼，将建筑顶部弯曲并向地面方向扭转，

形成一个巨大的不对称风水循环，居高临下地俯视着城市，像一个看不见的异形的后驱。

由于库哈斯的作品以结构错位和空间失序而著称，因此许多人将他和解构主义运动联系起来。但与倾向于颠覆理论的解构主义不同，库哈斯将理论神化。此外，正如库哈斯在详尽的里尔总体规划（1988）和其他全面的城市研究中表明的那样，他是一位天生热情的城市主义者，他永远不会完全赞同解构主义故意提倡的反乌托邦虚无主义。

但是，库哈斯有几个项目摒弃了他标志性的古怪布排，令人惊讶地表现出一种接近理性和秩序的微妙克制。也许是因为他意识到传统英国人对过度理智主义的怀疑，他的两个位于伦敦

左上图：中国中央电视台总部，位于北京。

左图：西雅图中央图书馆。

右图：鹿特丹多功能大楼。

的项目，罗斯柴尔德银行新院（2011）和荷兰绿地（2016），隐隐透出一种淡淡的新教式的纯洁、清醒和平静的感觉。同样，他在法国北部卡昂的十字形亚历西斯·德·托克维尔图书馆（2017），以及他在巴黎郊外的实验室城（也叫"超级街区"，2017），在纯粹的角度调整方面，几乎是完全在追求实用性。

与其说库哈斯是解构主义者，不如说他更像是除了思想之外不服从任何权威的特立独行者。他天生就能使任何事物都服从于审慎细致的思考，也许正是这种能力使他能够自如掌控怪诞和理性。

丹尼尔·里伯斯金

丹尼尔·里伯斯金的建筑最能表现当今解构主义建筑的主流。

波兰 / 美国　生于1946年

主要作品
柏林犹太博物馆、皇家安大略博物馆扩建项目、帝国战争博物馆北馆

主要风格
解构主义

上图：丹尼尔·里伯斯金。

参差不齐的角、切断的图形、不协调的几何体和喷薄而出的力量，他的建筑有力地强化了解构主义最核心的信条——颠覆结构，重塑审美，形式扭曲，空间错位。里伯斯金运用高超的技艺达成了解构主义的目标，但也受到了批评。尽管对公众来说，风格是一种实用的分类工具，但建筑师往往厌恶风格，而里伯斯金被指责的是他在

右图：纪念大屠杀的柏林犹太博物馆。

下图：形似水晶的皇家安大略博物馆屋顶。

所有作品中都恬不知耻地照搬了同样的倾斜角模式。的确，不可否认的是，曼彻斯特的帝国战争博物馆北馆（2002），以及丹佛艺术博物馆（2006）、多伦多皇家安大略博物馆（2007）和德累斯顿军事博物馆（2010）的增建楼都是具有同样尖利斜角的碎片状金属体块，他已经将之变成了自己的风格。

然而，尽管他的风格被认为单调，尽管解构主义提倡视觉上的混乱和冲击力，里伯斯金的作品仍然与记忆、悲痛和纪念有着不可磨灭的联系。他的两项重要委托任务，柏林犹太博物馆和他为重建纽约世界贸易中心进行的总体规划（基本未实现），都生动地纪念了史上最骇人听闻的人类暴行。因此，他的建筑避开了解

构主义的对抗性设计，而是带有一种沉痛、悲悯的气质，里伯斯金也因此成为他那个时代最有造诣、最能打动人心的建筑诗人。

里伯斯金出生在波兰，父母是纳粹大屠杀的幸存者。这家人在1957年移居以色列，两年后移居美国。1970年，里伯斯金从纽约库伯联盟学院获得建筑学位，在此不久前，他分别给理查德·迈耶和彼得·艾森曼当学徒。但由于已经成名的建筑师都会百般羞辱刚来的实习生，他被当作奴隶一样差遣，于是他没做几个小时就辞职不干了。在迈耶手下，他被要求抄写材料，而在艾森曼手下，他被派去扫地。里伯斯金的妻子也是他一生的商业伙伴，他们度蜜月的时候都在游览弗兰克·劳埃德·赖特的建筑。

里伯斯金随后在学术界谋求职位，和建筑大师米马尔·锡南一样，直到50出头，他才建成他的处女作。位于德国奥斯纳布吕克的菲利克斯·努斯鲍姆博物馆（1998）由一系列不对称盒子组成，造型震撼人心，这些盒子的平面互相交叠，切入了倾斜的窗户。这座建筑和建筑项目（博物馆的建造是为了反对种族主义）都预示着建筑和社会不妥协的斗争精神即将诞生。

这样的精神真的出现了，它的力量来源于对历史的铭记，在里伯斯金职业生涯的标志性建筑项目上留下了深深的烙印。柏林犹太博物馆（2001）是首个也是最大的大屠杀纪念博物馆。作为大屠杀幸存者的后代，他亲身体会了这种苦难。乖张的锯齿造型仿佛烙在地表的印痕，看起来像破碎的大卫之星[①]。坚硬的金属外壳上，曲折蜿蜒的裂缝如同撕裂的伤口。这是一个直击灵魂深处的作品，里伯斯金充分利用了解构主义与生俱来的能力，将爆裂和破碎作为隐喻，描绘了人类愚蠢的糟蹋行为导致的满目疮痍、流血千里的景象。

然而，这座建筑也生动地刻画出一种虚无感——空荡荡的筒仓，一连串高达20米的内部空白空间，一个令人头晕目眩的花园里，树木都种在混凝土上，含有流离失所、漂泊不定的寓意。里伯斯金的作品达到了无与伦比的水平，他自如地表达隐喻，诗意地表现伤痛，释放出原始的情感力量。

2003年，在重新设计纽约世贸中心的国际竞赛中，里伯斯金独占鳌头，成为众人艳羡的对象。如今享誉全球的他认为应该建造和犹太博物馆类似的纪念性建筑。要知道，在柏林犹太博物馆于2001年9月9日开幕仅两天后，世贸中心就被摧毁，真是残酷的讽刺。重建项目旨在体现和平、和解。里伯斯金的自由塔高1776米[②]，有着旋转上升的透明尖顶，这一设计撩动了公众的心弦，却没有引起世贸中心所有者拉里·希尔弗斯坦的兴趣，他认为委托给公司是更保险的选择，于是随后设法让SOM建筑设计事务所取代了里伯斯金。这座塔后来成为

世界贸易中心1号大楼，已经完工，但设计上改动很大。

里伯斯金总体规划中也有被保留下来的元素。两个标记被毁双子塔所在地的倒影池，一个作日晷之用的广场，每年在双子塔遭袭的时刻都会沐浴在阳光下。从这些元素中，我们再次发现，里伯斯金拥有非凡的能力，让建筑诗意地追忆往昔，从而发人深省，引人追寻和解和救赎。

最左图：柏林犹太博物馆浩劫塔内部。

左图：曼彻斯特帝国战争博物馆北馆。

上图：世界贸易中心纪念馆外的倒影池。

① 犹太教和犹太文化的标志。——译者注
② 纪念1776年美国独立。——译者注

扎哈·哈迪德

扎哈·哈迪德现在很可能仍然是世界上最著名、最成功的女建筑师。

伊拉克 / 英国 1950—2016

主要作品
21世纪国家艺术博物馆、阿利耶夫文化中心、2012伦敦奥运会水上运动中心

主要风格
现代主义

上图：扎哈·哈迪德。

与诺曼·福斯特和弗兰克·盖里一样，她是少数家喻户晓的建筑师之一。她在职业生涯的巅峰时期因支气管炎而离世，更加凸显了她非凡的成就。她是第一位获得著名的普利兹克建筑奖的女性，并连续两次荣获英国皇家建筑师协会的斯

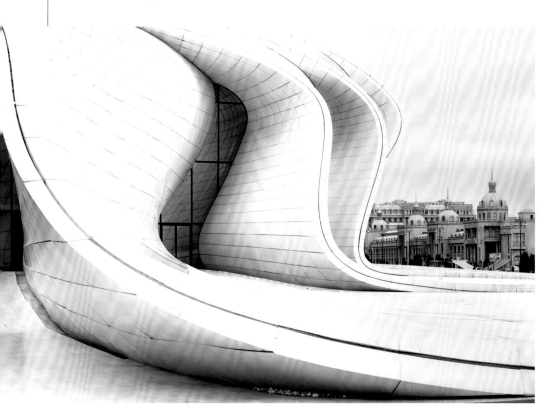

上图：罗马21世纪国家艺术博物馆外观。

左图：阿塞拜疆的阿利耶夫文化中心。

特林奖，还是少数几位曾被授予女爵士封号的建筑师之一。她的宗教、性别和种族都代表了少数群体，人们通常不会把国际建筑界的辉煌成就和少数群体联系起来，但她的成功完美打破了这种偏见。

哈迪德被认为是天才建筑师。她经常穿一身黑色的飘逸长袍，神情坚毅，待人宽容耐心。她为自己精心打造了一个权威的艺术天才的人设。精明的她美化了自己的形象，取得了巨大

的商业成功，商业版图还拓展到电影、展览、照明、时尚和家具领域，这些都提升了她的公众形象，当时的建筑专业学生尤其崇拜她，对她的超前意识十分仰慕。

从她的超前意识而非她的人设或者商业才能中，我们找到了她功成名就的真正原因。她那些令人惊叹的建筑作品也体现了未来感。从她的处女作，德国维特拉消防站（1993）那凸出、解构主义风格的棱角，到她人生中最后一

个项目，超现实风格的、如同悬浮着的瓶中之船一般的安特卫普港口管理局大楼（2016），哈迪德突破了建筑的结构、工程、美学和文化界限。因此，她的作品定义了一种新的、不妥协的当代建筑形式，玄妙莫测、动感十足、扣人心弦。

在风格上，她的建筑明显受到解构主义影响，并且为了赋予建筑物动感，她将凸出、棱角分明的图形以狂野的方式排列。但她也注入了独特的个人风格。膨胀的曲线呈弧形舞动，传递出一种流动的、翻涌的、符合人体工程学的活力感。线条大胆恣肆、难以捉摸，流露出一种兴奋、刺激和紧张感，就像一只苍蝇在房间里飞来飞去一样，无法预测它的路线。

以罗马的21世纪国家艺术博物馆（2010）为例。在一个由锋利边缘和陡峭悬臂构成的外部混凝土围护结构中，内部看起来好像是一个赛马跑道，富于律动，墙壁、照明、楼梯和结构的相互作用形成了一条线性单色轨迹，在急转弯处疾驰，在斜坡处放大，在角落处蠕动。而在她设计的气势恢宏的阿塞拜疆阿利耶夫文化中心（2012），哈迪德运用钢制空间框架和玻璃纤维混凝土，雕刻出优雅的白色造型，具有雕塑般震撼人心的美感，高超的技艺彰显了行云流水般的气质。在边缘，覆面优雅地折叠，搭在凸出的框架上，如秀发披肩。在内部，流动性的主题得到延续，锯齿边的椭圆，美丽的弧形白色空间如同一圈圈松软奶油，打造出摄人心魄的瑰奇音景。

如果没有使用先进的结构和设计技术，这一切都无法实现，哈迪德的作品不仅因美学而

闻名，还因把动态、反重力的设计变为现实的工程创新而闻名。此外，还因这些建筑突破了计算机建模、抛物线分析和数字化生产流程等软件工具的边界而闻名，包括早期开创性地使用BIM（建筑信息模型）技术。在她去世后，尽管人们对她的财产有法律争议，但以她名字命名的事务所仍然存在，并继续以她的精神进行创作。

当然，哈迪德肯定也会受到批评。她本人承认，自己不是来建造"漂亮的小房子"的，她要用建筑来掀起波澜，而不是实现风平浪静。一些人指责她的作品只是为了显示自己的傲慢，说她不尊重文脉，对建筑的形式进行了肤浅的

物化。同样，她的21世纪国家艺术博物馆由于试图盖过其中展览品的风头，想要喧宾夺主而遭到批评，而在一些人眼里，阿塞拜疆的独裁倾向也使阿利耶夫文化中心变成了一项不道德的委托任务。但是，正如艺坛怪杰卡拉瓦乔①所说，历史谨慎地将一个人的性格和他的成就区分开来，无论这样做正确与否。无论如何，哈迪德对当代建筑都做出了开创性的贡献，她悉心毕力设想未来，未来也会以她应得的不朽名声来回报她。

左图：21世纪国家艺术博物馆内部。

下图：2012伦敦奥运会水上运动中心。

———
① 意大利天才画家，还是流氓、赌徒、杀人犯。——译者注

圣地亚哥·卡拉特拉瓦

西班牙 生于1951年

主要作品
世界贸易中心交通枢纽、列日－吉耶曼火车站、瓦伦西亚艺术宫

主要风格
现代主义

上图：圣地亚哥·卡拉特拉瓦。

建筑师和工程师这两个职业是紧密联系在一起的，但也许令人惊讶的是，历史上的建筑工程师寥寥无几。圣地亚哥·卡拉特拉瓦和古斯塔夫·埃菲尔两位大师就位列其中。

卡拉特拉瓦还为他的作品增添了艺术气息。1968年，他先是在巴黎作为交换生学习绘画，后来为了逃离巴黎学生起义而回到家乡瓦伦西亚。他偶然发现了一本关于勒·柯布西耶的书，从此

右图：马尔默旋转大厦。

下图：瓦伦西亚艺术宫。

学起了建筑，之后又学工程。卡拉特拉瓦才华横溢、心灵手巧、别具匠心，将艺术、工程、建筑融合在一起，创造出20世纪末和21世纪初最引人注目、最令人难忘的建筑作品。

卡拉特拉瓦认为自己主要是雕塑家，他的作品曲折蜿蜒，动感十足，美轮美奂。他的建筑物通常是炫目的白色，有着扭曲的几何形状和闪闪发光的外壳，超凡脱俗，赏心悦目，令人叹为观止。卡拉特拉瓦的建筑也具有明显的自然主义色彩，并富含象征性隐喻以及动物形态和人类学意象。直线和直角很少见，柱子弯曲并像肋骨一样排列在一起，高耸的拱顶如同展翅飞翔的鸟。要达到这样的效果，结构上必须体现出活力感，人们通常把卡拉特拉瓦的结构和埃罗·沙里宁的作比较，卡拉特拉瓦本人也表达了对罗丹和弗兰克·盖里的深深钦佩。与这三人一样，卡拉特拉瓦的作品行云流水如雕塑一般，这也是外观上的标志性特征。

卡拉特拉瓦早期的项目在结构上比较简单，多为基础设施工程。但在这些项目中，我们看到了后来作品中雕塑般优雅的影子。苏黎世斯

达德霍芬火车站（1990）是他设计的众多火车站中的第一个，但从叉骨般的柱列和富有张力的弯曲站台中，我们可以看到他后期风格的影子。卡拉特拉瓦职业生涯这一阶段的基础设施工程和他的大楼一样具有他的典型特色。巴塞罗那薄德罗达大桥（1987）的倾斜拱充满戏剧表现力，塞维利亚阿拉密洛大桥（1992）如同拉满的弓，巴塞罗那蒙特惠奇山通讯塔（1992）散发出慵懒的优雅气质，从这些建筑中我们找到了他作品中标志性的优美外观和灵巧构造的源头。

在随后的几十年里，这样的特色被他淋漓尽致地运用于更大规模的展示项目。从多伦多布鲁克菲尔德广场中庭（1992）和雄伟的里斯本东方火车站（1998）的树状柱子、错综复杂的拱顶和又高又窄的拱中，我们看到卡拉特拉瓦的作品体现出一种有机的、高迪式的超现实主义。在美轮美奂的密尔沃基艺术博物馆（2001），我们见证了卡拉特拉瓦对翼状造型和可移动建筑组件的首次大规模实验。巨大的屋顶百叶窗有着66米的翼幅，俯冲而下的弧线和棱纹的曲线充满动感和张力，白天可以打开，晚上可以关闭。这是建筑、工程和雕塑的绝妙融合。

瑞典马尔默的未来主义建筑旋转大厦（2005）也是如此。大楼有54层，高190米，是世界上第一座旋转摩天大楼。大楼本身不动，但五边形楼板围绕着垂直混凝土中心慢慢旋转，并置于伸展开来的外部钢框架内，这样整个大楼就从塔底到塔顶旋转了整整90°，戏剧性地体现出一种动感和弹性，这是静止的建筑物难以实现的。之后，卡拉特拉瓦完成了两项最具动物形态的作品，瓦伦西亚科学博物馆（2006）如同爬行动物的骨架，瓦伦西亚艺术宫（2006）又仿佛是潜行的软体动物的外壳。

卡拉特拉瓦最伟大的两个作品要属两座火车站，他的职业生涯就是从建造火车站开始的。

比利时的列日－吉耶曼火车站（2009）气势恢宏，好似一部震撼人心的歌剧。它由壮观的160米乘32米钢拱和一个巨大、明亮的玻璃钢拱顶组成，可以说是21世纪欧洲最漂亮的火车站。在精美绝伦、大气磅礴的纽约世界贸易中心交通枢纽，卡拉特拉瓦标志性的自然主义象征达到顶峰，整个建筑宛如从孩童手中释放的一羽白鸽。一对150英尺（约45.7米）长的翼状顶篷从螺纹钢和玻璃构成的笼子中向天空方向伸展，下方是沐浴在灿烂光辉中的白色大厅。这是卡拉特拉瓦最富诗情画意的描绘，向我们展示了建筑、工程和雕塑的完美融合能够释放出令人心醉神驰的力量。

日本 生于 1956 年

主要作品
矿业同盟设计管理学院、新当代
艺术博物馆、劳力士学习中心

主要风格
现代主义

上图：妹岛和世。

妹岛和世

妹岛和世是广受赞誉的妹岛和西泽事务所（SANAA 建筑事务所）的两位创始人之一，是当今世界最成功、最具影响力的杰出女性建筑师之一。

在 SANAA 工作时，她成为第二位获得普利兹克建筑奖的女性（继扎哈·哈迪德之后）。2010 年，也就是她荣获普利兹克奖的那一年，她成为首位担任威尼斯建筑双年展

上图：瑞士洛桑的劳力士
学习中心。

左图：矿业同盟设计管理
学院。

策展人的女性。

　　妹岛和世的作品看起来光洁明净，她从当代设计视角诠释了现代主义。她设想未来的建筑应该是高度流线型、极简风的，虽然回归简单的几何形状和中规中矩的结构，但可以通过抽象形式和高度概念主义的新设计文化来焕发生机。对于妹岛和世来说，在这样的未来中，建筑物外表使用奢华、高度抛光的材料和镜子、大理石或不锈钢等反射表面，而且结构上非常精巧，将玻璃变成闪闪发亮的光幕。但是，尽管采用了这种复杂的、软工业化的方法，她也强烈主张建筑物应该深度沉浸在自然中，正如

日本传统设计所推崇的那样。自然光一直是她首先考虑的对象，玻璃护层和雕刻景观在建筑和景观、建筑形式和自然形式之间创造了一种极大的过渡流动性。

　　妹岛出生于日本中部茨城县的县府水户。在一个女子大学传统悠久的国家，妹岛于1979年毕业于日本女子大学，并于1981年获得建筑硕士学位。然后，她为著名的日本概念建筑师伊东丰雄工作了六年，遇到了还是学生的建筑师西泽立卫。她于1987年成立了自己的事务所，西泽很快就加入了。1995年两人建立起新的合作伙伴关系，SANAA建筑事务所就此诞生。

上图：德国埃森市矿业同盟设计管理学院内部。

东京调布站外的警察岗亭（1994）是妹岛的一个早期作品，展示了她所追求的高概念方向。这是一个抽象的、具有游牧风情的作品，没有窗户的黑色混凝立方体上嵌入了一个小型派出所。立方体上有凸出的镜面方形和矩形，还有白色的圆柱形穿孔，贯穿了整个建筑物。这座建筑虽然规模较小，但完美地捕捉到了反射、对比、简洁和抽象的主题，这些主题自此成为妹岛作品的标志。

随后几年，SANAA承担了更大的项目，例如日本中部岐阜的北方住宅（1998），妹岛把一大片社会福利住房区域周围的外部平台入口变得宜居且富有人情味，展示了她对功能性和高概念的关注。玻璃半透明形式的首次尝试是在托莱多艺术博物馆的玻璃展馆（2006），单层空间内的夹层玻璃墙像旋涡一样弯曲、起伏，动中有静，静中有动。

纽约新当代艺术博物馆（2007）的造型更加棱角分明。穿孔钢幕覆盖在七层不对称堆叠的、由玻璃和钢筋构成的方块上，当漫射光透过钢网时，看起来就像灯笼一样发光。同样，位于日本表参道的克里斯汀·迪奥大厦（2003）像一个奢华的立方体，有着密斯式的风格。当乳白色或彩色光线透过仿佛下垂的帘幕一般的落地玻璃窗时，整个建筑会像笔直的灯塔一样闪闪发光。

位于瑞士洛桑的劳力士学习中心（2010）再次成功运用了托莱多的迷人玻璃曲线。一个单层的玻璃空间轻轻地膨胀，落向地面，又从地面上弹起，就像床上一张不太平整的大床单，有几处褶皱。玻璃不得不跟着水平和垂直方向的曲线走，在楼层平面中切割出许多不规则的圆形和椭圆形庭院。

有着闪亮的反光金属表面的东京墨田北斋博物馆（2016）淋漓尽致地体现了抽象艺术。棱角分明的无窗形态被裁剪、剖切、伸展开来，看起来像一种玄妙的大型建筑书法。如果妹岛对于未来建筑的超前构想能够实现，那么我们将看到，包裹着建筑物的金属和玻璃光洁锃亮，耀眼夺目，抽象的概念变得活灵活现，栩栩如生。

上图：纽约当代艺术博物馆。

英国 生于1966年

主要作品
白教堂创意店图书馆、脏房子、非裔美国人历史和文化国家博物馆

主要风格
现代主义

上图：大卫·阿贾耶。

大卫·阿贾耶

建筑师自然都喜欢光亮。但黑暗呢？难道黑暗和阴影就没有震撼人心的力量吗？就不能产生它们独特的、超凡脱俗的戏剧表现力、张力和空间感吗？

德国表现主义者熟谙黑暗的力量。黑色电影[①]的创作者也是如此。用单一色调和流畅线条体现神韵的建筑师大卫·阿贾耶亦复如是。

在世的建筑师只有少数被封为爵士，而大卫·阿贾耶目前是其中最年轻的。对于建筑师这个职业来说，长寿通常是成功的一个关键因素，因此，阿贾耶在相对年轻的时候就在国际上广受赞誉，实在是非同一般。他其中一个辉煌成就，是赢得了职业生涯中最负盛名的委托任务——华盛顿特区的史密森尼学会非裔美国人历史和文化国家博物馆。在美国，种族问题和政治问题一直都是敏感话题，煽动仇恨，令人痛心，如果再加上积怨已久的黑奴问题，就成了美国社会最具争议、最变化无常的领域。而阿贾耶有着英国

右图：华盛顿非裔美国人历史和文化国家博物馆。

---

① 反映或表达社会黑暗的电影类型。——译者注

和坦桑尼亚血统，没有美国血统，或许也正因如此，他能够创造出一座几乎人人称赞的建筑，既满足了文化庆典的需要，又诚实地反思了令人不安的历史。

　　阿贾耶的建筑一般以黑暗的形式和沉思的基调为特征。但他没有摒弃光明，而是通过大量运用深色系的雕塑般造型来传递光亮。他早期的一个作品就有这样扣人心弦的力量。脏房子（2012）位于伦敦中东部边缘的一个高档社区。这里曾是一个放钢琴的两层楼仓库，阿贾

耶把一楼改造成艺术家工作室，二楼建成公寓。最初的建筑是用砖砌成，外观简单实用，镶嵌着窗户。阿贾耶用与砖面齐平的镜面面板取代了下层窗户，而上层窗户则改为更透明的玻璃窗，让光线进入建筑内部。值得注意的是，上层窗户保持了深深的凹槽，与齐平的下层窗户形成对比，这是阿贾耶在他大部分作品中都采用的动态表面处理，尤其是附近的棋盘格状的里文顿艺术馆（2009）。

　　阿贾耶在脏房子的整个外部砖面上涂满了

左图：伦敦肖迪奇的"脏房子"。

右图：非裔美国人历史和文化国家博物馆内部。

下图：伦敦白教堂创意店图书馆。

乌黑的防涂鸦颜料，将原本平平无奇的拐角建筑变得诡谲怪诞，如同幽闭的堡垒一般，这是整个建筑最"暗黑"的一点了。他还在屋顶上新建了一个深深内嵌的附加层作为生活区，这是最后的点睛之笔，看起来就像一个黑色块

状物包裹着两层楼的工作室。阁楼悬挂在上方，屋顶上有一大片凸出的白色护墙，仿佛耀眼的水平帆，使下方的黑色显得更为沉重。夜晚，房间都亮着灯时，这种对比更加强烈。

脏房子所展示的神秘色彩是阿贾耶大部分作品的标志性特征。里文顿艺术馆的直线型灰色棋盘格图案在华盛顿特区的弗朗西斯·格雷戈里社区图书馆（2012）就变成了黑白斜交网格。2005年，他建造的白教堂创意店图书馆重新定义了图书馆这一建筑类型，试图将传统图书馆重塑为面向21世纪的数字公共学习资源。这些想法已经成为主流。正如脏房子所暗示的那样，阿贾耶在自己建造的房屋上留下了鲜明的个人印迹，为一些知名创想家设计房屋的时候，阿贾耶也将他们的个人特色融入设计中，例如时装设计师亚历山大·麦昆和演员伊万·麦格雷戈。阿贾耶如今备受英国建筑界尊

重，当其中一处房产埃莱克特拉之家（2000）因规划问题而差点被拆除时，连理查德·罗杰斯这样的大师都出面为他说话，帮助他保留了这座建筑。

但阿贾耶职业生涯最大的成就仍然是那座扣人心弦的非裔美国人历史和文化国家博物馆（2016）。倒置的阶梯金字塔结构被带孔的铜制帘幕包围，建筑外形看起来像约鲁巴人[①]的皇冠，在华盛顿的国家广场众多白色的新古典主义纪念建筑中，这是一座具有非洲风情的独特建筑。在建筑内部，一系列震撼人心的展区在沉思庭堂达到高潮，昏暗的天花板上有一个闪闪发亮的喷泉眼，水幕落下，静谧的氛围引人深思。也许，这样一座同时彰显人性至善和至恶的博物馆是最适合阿贾耶的委托任务，因为只有他的作品才能在光明与黑暗之间的灰色地带诗意地徘徊。

---

① 西非尼日利亚民族。——译者注

图片出处

牛津大学万灵学院 //————

P48：尼古拉斯·霍克斯穆尔半身像

布里奇曼图片社 //————

P8：马库斯·维特鲁威肖像：斯特凡诺·比安切蒂

P12：珍宝塔：约翰·贝塞尔

P16：圣洛伦佐大教堂：尼科洛·奥尔西·巴塔格利尼

P28：圣乔治－马焦雷教堂：莎拉·奎尔

P36：圣彼得广场和柱廊：路易莎·里恰里尼

P51：霍华德城堡的陵墓：约翰·贝塞尔

P51：伊斯顿内斯顿乡间别墅的楼梯间：《乡村生活》杂志

P56：英国建筑师约翰·纳西（1752—1835）蜡制纪念章，J.A.库里古尔制作，约1820年 Granger 历史图片档案馆

P60：约翰·索恩爵士博物馆

知识共享图库 //————

P4：位于吉萨的赫米努墓中的赫米努雕像：艾因萨默·舒策

盖蒂图片社 //————

P60：多维茨画廊：奥利·斯卡夫

P65：外交部大楼：遗产图片社

P72：安东尼·高迪：遗产图片社

P74：米拉之家：弗雷德里克·索尔坦

P75：巴特罗之家：Construction Photography 图库 /Avalon 图库

Shutterstock 图库 //————

P5、P8、P56：白金汉宫：HVRIS 图库

P58：摄政街：罗恩·埃利斯

P65：阿尔伯特纪念亭：cowardlion 图库

P68：熨斗大厦：斯图尔特·蒙克

P69：华盛顿联合车站：安德里亚·伊佐蒂

P72：圣家堂：瓦列里·叶戈罗夫